U0155561

THICK
DESCRIPTION

传 递 历 史 主 线 的 脉 动

丛书主编　王东杰

一堂二內

中国古代的平民住宅及其演变

鲁西奇 著

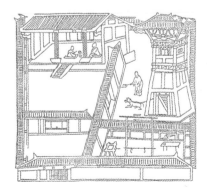

巴蜀書社

总序

    "深描"（thick description）两字广为人知，大概主要得力于人类学家克利福德·格尔茨（Clifford Geertz）的使用；而格尔茨又明言，这个词是他从哲学家吉尔伯特·赖尔（Gilbert Ryle）那里借来的。格尔茨解释何谓"深描"，举的都是赖尔用过的例子：一个人眨了下眼，他可能就只是眨眼而已，用来缓解一下视觉疲劳，但也可能是跟对面的朋友发送了一个心照不宣的信号，或者是在模仿取笑第三个人，甚或可能只是一个表演前的排练。我们要确切把握行为者的真实意图，不能依靠对动作的"浅描"（thin description）——比如，某人正在迅速张开又合上他的右眼——而是要提供一套对其"意涵"加以破解的方式：这意涵由行为者所在的社会与文化共识决定（也离不开物质和生理条件的制约）。照我理解，最粗浅地说，"深描"即是将对象放在其所在的具体语境中加以理解。它得以成立的理论上的前提，则是相信人是一种追求并传达"意义"的动物。

编者相信，"深描"不是一种固定的研究手段，而是一种观察世界的方法。世界如许广阔，收入这套丛书的著作，当然也不限一个学科。其中以史学作品居多，那自然同编者自己的学科训练及交游局限有关，但也收入人类学、社会学、文学史、艺术史、科技史、哲学史、传媒研究的著述。若说它们有什么共同之处，那主要是形式上的：每本书的体量都不大，约在8万—12万字上下——这种篇幅在现行学术考评体制下颇为尴尬，作为论文似乎太长，作为专著又似乎太短；方法上，秉承"小题大做"原则，力图透过对具体而微的选题进行细致深密的开采，以传递历史主线的脉动，收到"因小见大"的效果。丛书所收皆是学术著作，但也希望有更广的受众，因此在选题方面，希望多一点风趣，不必过于正襟危坐、大义凛然；在表述上以叙事为主，可是也要通过深入分析，来揭晓人事背后的"意义"，同时力避门墙高峻的术语，追求和蔼平易、晓畅练达的文风——然而这却不只是为了要"通俗"的缘故。而是因为编者以为，"史"在中国本即是"文"，20世纪以来学者将此传统弃置脑后，结果是得不偿失，不仅丢掉了更多读者，也丧失了中国学术的本色精神。"深描"则尽可能接续此一传统，在中国学人中提倡一点"义"的自觉（至于成绩如何，当然是另一回事）。

用今日通行的学术评估标准看，"深描"毫无疑问位处边缘，不过我们也并不主动追求进入"中心"。边缘自有边缘的自由。在严格遵循真正的学术规范、保证学术品质的前提下，"深描"绝不排斥富有想象力的冒险和越界，甚至有意鼓励带点实验性的作品。毕竟，"思想"原有几分孩童脾气，喜欢不带地图，自在游戏，有时犯了错误，退回即是。畏头畏脑、缩手缩脚、不许乱说乱动，那是管理人犯，不是礼遇学者。一个学者"描"得是否够"深"，除了自身功底的限制，也要依赖于一个允许他／她"深描"的制度与习俗空间，而这本身即是"深描"所要审视的、构成社会文化意义网络的一部分。据此，编者决不会为"深描"预设一个终结时刻，而是希望它福寿绵长——这里说的，自然不只是这套丛书。

王东杰

contents
目　录

1

引　言

《韩非子·五蠹》云:

上古之世，人民少而禽兽众，人民不胜禽兽虫蛇，有圣人作，构木为巢以避群害，而民悦之，使王天下，号曰有巢氏。民食果蓏蚌蛤，腥臊恶臭而伤害腹胃，民多疾病，有圣人作，钻燧取火以化腥臊，而民说之，使王天下，号之曰燧人氏。中古之世，天下大水，而鲧、禹决渎。近古之世，桀、纣暴乱，而汤、武征伐。[①]

[①]　陈奇猷校注:《韩非子集释》卷十九《五蠹》，上海: 上海人民出版社, 1974年, 第1040页。

此言早期文明进程之四步骤：一是营造居所，以避禽兽虫蛇之害；二是取火炊食，以保障人民身体健康；三是治理洪水，以种植作物、发展农耕；四是杀伐征战，建立国家。其中，"构木为巢以避群害"，被认为是文明之起始。《周易·系辞下》谓："上古穴居而野处。后世圣人易之以宫室，上栋下宇，以待风雨。"①无论是穴居还是宫室，"以待风雨"均为其主要目的。因此，住宅的起始功能，就是栖身，即"待风雨""避群害"。

《孟子·万章上》：

> 万章问曰："诗云：'娶妻如之何？必告父母。'信斯言也，宜莫如舜。舜之不告而娶，何也？"孟子曰："告则不得娶。男女居室，人之大伦也。如告，则废人之大伦，以怼父母，是以不告也。"②

男女情事，须居于室中，乃人之大伦。生育与养育，乃

---

① 王弼、韩康伯注，孔颖达疏：《周易正义》卷八《系辞》下，阮元校刻：《十三经注疏》，北京：中华书局，1980年，影印本，第87页。
② 焦循：《孟子正义》卷十八《万章上》，北京：中华书局，1987年，第618页。

是住宅的第二个功用。《说文》释"舍",谓:"市居曰舍,从亼、中,象屋也;口,象筑也。"①盖"舍"为象形字,由亼(屋顶)、中(架)、口(房基)组成,故得为简单的居所。《释名》卷五《释宫室》则谓:"舍,于中舍息也。"②其所说的"息",当作"生""生长"解。"于中舍息",意指在舍中居住且孕育子息。

《礼记·内则》:"由命士以上,父子皆异宫,昧爽而朝,慈以旨甘;日出而退,各从其事;日入而夕,慈以旨甘。"③命士以上,"父子皆异宫"(父子各有寝门),则命士以下,父子多为"同宫"(共用同一寝门,即同室而居)。《史记·商君列传》记商君自言:"始,秦戎翟之教,父子无别,同室而居。今我更制其教,而为其男女之别,大筑冀阙,营如鲁卫矣。"其上文记商鞅变法,"作为筑冀阙宫庭于咸阳,秦自雍徙都之。而令民父子兄弟同室内息者为禁",④则知在商鞅变法之前,秦民多"父子兄弟同室内息",而此种风俗,在商鞅(来自卫)看来,乃"戎翟之

---

① 许慎:《说文解字》卷五下,北京:中华书局,1963年,第108页。
② 刘熙撰,毕沅疏证,王先谦补:《释名疏证补》卷五《释宫室》,北京:中华书局,2008年,第181页。
③ 孙希旦:《礼记集解》卷二七《内则》,北京:中华书局,1989年,第731页。
④ 《史记》卷六八《商君列传》,北京:中华书局,1959年,第2234、2232页。

教"。换言之，"父子无别，同室而居"是较为古老的习俗；商鞅变法，禁止"父子兄弟同室内息"，使父子别居。然则，由父子同室（**同宫**）而居转变为父子异室（**异宫**）而居，乃是一种普遍的变化趋势。《礼记·内则》详记"男女居室事父母舅姑之法，闺门之内，仪轨可则，故曰'内则'"。如规定，"凡内外，鸡初鸣，咸盥、漱，衣服，敛枕簟，洒扫室堂及庭，布席，各从其事"。又谓："男不言内，女不言外。非祭非丧，不相授器。……外内不共井，不共湢浴，不通寝席，不通乞假。男女不通衣裳。内言不出，外言不入。男子入内，不啸不指，夜行以烛，无烛则止。"[①]其所说之"内"，当指室；"外"，当包括堂与庭。父子异室、男女别处，是住宅空间不断扩展与分化的根本性动因，也是住宅的第三个功用，即构建并维护家庭秩序与伦理。

栖身、生育、建立并维护家庭及其秩序，是住宅的三个核心功能。它是人们生活的中心，是家庭赖以成立、维系并运作的基本保障。人们生活在其中，在此得到一定的健康和安全保障，存放自己的财物，并和家人一起，构成一个基本的生计与生活单元。从古至今，住宅都是人们及其家庭最基本的生活保障和最重要的"财产"，在很大程度上被人们视为生存必需品。

---

① 孙希旦：《礼记集解》卷二七《内则》，第724、731、735-736页。

据上引《礼记·内则》，住宅当由室、堂、庭构成。《说文》释"室"，谓："实也，从宀，从至。至，所止也。"①则室大抵为寝居休息之所。堂，《说文·土部》："殿也。从土，尚声。"②桂馥义证引《演义》曰："当也，谓当正向阳之屋。"《释名·释宫室》："堂，犹堂堂，高显貌也。"③《文选·张衡〈东京赋〉》"度堂以筵"句下薛综注："堂，明堂也。"④盖"堂"高敞明亮，乃合家饮食聚会行礼之所。庭，《说文·广部》："宫中也。从广，廷声。"⑤段玉裁注："室之中曰庭。"与上引《礼记·内则》所云并不相恰。《楚辞·九叹·思古》"藜棘树于中庭"王逸注："堂下谓之庭。"⑥庶几近之。则庭当在堂前，可植木于其间。《诗·唐风·山有枢》"子有廷内，弗洒弗扫"之"廷"，当即《礼记·内则》所说之"庭"。⑦"内"即"室"。所谓"廷

① 许慎：《说文解字》卷七下，"宀部"，第150页。

② 许慎：《说文解字》卷十三下，"土部"，第287页。

③ 刘熙撰，毕沅疏证，王先谦补：《释名疏证补》卷五《释宫室》，第188页。

④ 张平子：《东京赋》，李善等：《六臣注文选》卷三，北京：中华书局，1987年，影印本，第66页。

⑤ 许慎：《说文解字》卷九下，"广部"，第192页。

⑥ 洪兴祖：《楚辞补注》卷十六《九叹章句》，《思古》，北京：中华书局，1983年，第308页。

⑦ 王先谦：《诗三家义集疏》卷八《唐风》，《山有枢》，北京：中华书局，1987年，第418页。

内"，即庭与室。《诗·齐风·著》首谓"俟我于著乎而"，次云"俟我于庭乎而"，末称"俟我于堂乎而"。[1]其所言"著"，指门屏之间；则"庭"正当门屏与堂之间，在堂前、门（大门）内。庭是大门内、堂外的空间，可植花木，亦用于迎宾客，是住宅的组成部分。

古代住宅又当包括园（園）和场。《说文·口部》："園，所以树果也。从口，袁声。"[2]《诗·郑风·将仲子》首章谓"将仲子兮，无踰我里，无折我树杞"；次章谓"将仲子兮，无踰我墙，无折我树桑"；末章谓"将仲子兮，无踰我园，无折我树檀"。里、墙、园，显然由外向里。园在墙内。《毛传》："园，所以树木也。"孔颖达疏："园者，圃之蕃，故其内可以种木也。"[3]《荀子·大略》云："大夫不为场园。"杨倞注："治稼穑曰场，树菜蔬曰园。"[4]大夫不为场园，即不治稼穑、不树菜蔬，为场园者大抵即为普通民户。场用于"治稼穑"，当即打谷场。《说文·土部》："场，祭神道也。一曰田不耕，一曰治谷田也。"[5]所谓"治谷田"，

---

① 王先谦：《诗三家义集疏》卷六《齐风》，《著》，第379–380页。
② 许慎：《说文解字》卷六下，"口部"，第129页。
③ 王先谦：《诗三家义集疏》卷五《郑风》，《将仲子》，第337–338页。
④ 王先谦：《荀子集解》卷十九《大略》，北京：中华书局，1988年，第502页。
⑤ 许慎：《说文解字》卷十三下，"土部"，第289页。

当即"治稼穑"之所，亦即打谷场。

室、堂、庭、园场乃是古代民户住宅的四要素：室用于寝处与储藏贵重物品，是私密空间；堂用于家人饮食聚会，是家庭公共空间；庭处于堂下，用于待宾客，是家庭与外界交往的场所；园、场则是生产场所。法国地理学家阿·德芒戎（Albert Demangeon）在论及法国农村住宅时说：

> 在组成这个人造景观的所有要素中，没有比农民的住宅，即乡村的房屋更生动的了：它体现了人在建设中有永久性和个性的那一部分。人在那里安置财物、收获品、工具、牲畜、炉灶、家庭，人按照自己的爱好和需要来建造供每天使用的房屋。这是人亲手制造的、适应生活的产品。由于这种亲密性，它几乎是被赋予生命的一种创造物。它是经过许多世纪塑造的农村生活的体现。……乡村的房屋不仅仅是景观中一个地方性的色调，它是一种劳动形式——法国固有的财富——的初级工场。[1]

―――――――――――――

① 阿·德芒戎：《法国的农村住宅：划分主要类型的尝试》，见氏著《人文地理学问题》，葛以德译，北京：商务印书馆，1993年，第249—277页，引文见第249、251页。

对于中国古代的普通民户（**主要居住在乡村并从事农业生产**）来说，住宅不仅是居住、生活的地方，还是保存其全部（**或大部**）财物、生活用品以及生产工具、肥料等的场所，部分生产活动也直接在这里进行。所以，乡村民户的住宅除了人们直接居住的房屋之外，还包括附属建筑（**手工作坊、粮仓、牲畜圈或牲畜棚、围墙或篱笆**）以及庭院、晒谷场、护宅林、池塘、井等附随设施等。

有关中国传统民户住宅的研究，主要立足于对现存乡土建筑的调查、勘察，或者从建筑学的角度，重点考察其建筑形式、结构与技术，并分析其历史文化价值及其在建筑史上的意义；[①]或者从地理学的角度出发，重点关注房屋的材料与外形、宅地形态与建筑物的配置等，分析民户住宅与自然环境、

---

① 刘敦桢：《中国住宅概说》，北京：建筑工程出版社，1957年（初刊《建筑学报》1956年第4期）；刘致平著文、傅熹年图：《中国古代住宅建筑发展概论》，《华中建筑》1984年第3、4期，1985年第1、2、3期连载；陈志华、楼庆西、李秋香等：《中华遗产·乡土建筑》（8册），北京：清华大学出版社，2007年；刘杰、林蔚虹主编：《乡土寿宁》，北京：中华书局，2007年；陈志华、李秋香：《中国乡土建筑初探》，北京：清华大学出版社，2012年；李秋香编著：《鲁班绳墨：中国乡土建筑测绘图集》，成都：电子科技大学出版社，2017年；周若祁、张光主编：《韩城村寨与党家村民居》，西安：陕西科学技术出版社，1999年；杨谷生、陆元鼎：《中国民居建筑》，广州：华南理工大学出版社，2003年；孙大章：《中国民居研究》，北京：中国建筑工业出版社，2004年；雍振华等：《中国民居建筑丛书》（19册），北京：中国建筑工业出版社，2009年，等等。

社会、生活生产方式的关系，①或者站在人类学的立场上，把住宅看作为人们"建构"的空间，着重分析其所表现的空间秩序及其象征意义。②历史学领域有关中国传统住宅的研究，多着眼于贵族、官僚与商人等社会上中层人家的住宅，认为"四合院大概是中国（住宅）建筑的理想典型（ideal type）"，其建筑格局遵循"中轴对称"和"深进平远"两大原则，即以多栋建筑一字纵向排列，建筑物和空地（庭院）依次相间呈现，坐北朝南，构成一条明显的中轴线，中轴线两旁对称地布置辅助建筑，造成院落深邃的效果。"这种格局早在西元前第11世纪的商周之际已经定型，论其根源，甚至可以追溯到西元前3000多年的仰韶文化晚期。'深进平远'的原则使得整个院落的布局内外分明，与西方古文明的居室大异其趣，不但构成

①　金其铭：《农村聚落地理》，北京：科学出版社，1988年，第62-71页；陈芳惠：《村落地理学》，台北：五南图书出版公司，1984年，第173-224页；施添福：《竹堑地区传统稻作农村的民宅——一个人文生态学的诠释》，见氏著《清代台湾的地域社会：竹堑地区的历史地理研究》，新竹：新竹县文化局，2001年，第143-170页。

②　蒋斌：《兰屿雅美族家屋宅地的成长、迁移与继承》，《"中央研究院"民族学研究所集刊》第58期，1986年，第83-117页；黄应贵：《土地、家与聚落——东埔社布农人的空间现象》，见黄应贵主编：《空间、力与社会》，台北："中央研究院"民族学研究所，1995年，第73-132页；蒋斌、李静怡：《北部排湾族家屋的空间结构与意义》，见黄应贵主编：《空间、力与社会》，第167-212页。

中国建筑的一个特点，也是中国文化的一个重要质素。"①可是，"深进平远"原则正反映出遵守此种原则的传统居室只可能是宫室和深宅大院，而不会是平民的住宅。

因此，本书即试图在前人研究的基础上，尽可能全面系统地考察中国古代平民（普通民户）住宅的建筑、用地、形制、基本结构及其演变过程，特别是平民住宅的基本形式"一堂二内"（"一宇二内""一明二暗"）与院落的形成、演变，着意观察平民住宅的区域差异与贫富差别，期望借此对中国古代平民百姓的居住条件及其变化形成一些基本认识。

---

① 杜正胜：《内外与八方——中国传统居室空间的伦理观和宇宙观》，见黄应贵主编：《空间、力与社会》，第213-268页，引文见第213页；杜正胜：《古代社会与国家》，台北：允晨文化出版公司，1992年，第750-778页。

一、释"一堂二内"

睡虎地秦墓竹简《封诊式》"封守"爰书是查封受控犯人家产的司法文书样本，它假设某乡乡守按照县丞的指令，查封某里士伍甲的"家室、妻、子、臣妾、衣器、畜产"。爰书记录了查封的情况，说：

> ·甲室、人：一宇二内，各有户，内室皆瓦盖，木大具，门桑十木。·妻曰某，亡，不会封。·子大女子某，未有夫。·子小男子某，高六尺五寸。·臣某，妾小女子某。·牡犬一。[1]

---

① 睡虎地秦墓竹简整理小组：《睡虎地秦墓竹简》（精装本），《释文 注释》，北京：文物出版社，1990年，第149页；陈伟主编：《秦简牍合集》[壹]上，武汉：武汉大学出版社，2014年，第288-291页。

文书样式假设士伍甲的妻子已亡，有一双儿女（**女儿已成年，未出嫁；儿子未成年，是小男子，然已身高六尺五寸，基本具备成人的能力**），臣、妾（**家内奴婢**）各一人。按照秦律，住在主人家中的臣、妾也属于"室人""家人"的范畴，视同家庭成员（见下文），故士伍甲一家共有六口人（**在其妻子"亡"之前**）。此六口之家，有一间堂屋，两间内室（**"一宇二内"**），分别有门进入；房屋均用瓦盖顶，以大木构成屋架（**"木大具"**）；大门是用十根桑木做成的（**"门桑十木"**）。《封诊式》所收诸种司法案例及相关文书，都属于范本，"封守"爰书假设的士伍甲之家人财产情况乃是秦时中等庶人之家较为普遍的情况，所以，"一宇二内"实可视为秦时庶人之家普遍性的居住房屋。

这里有几个问题需要讨论。

首先是关于"宇"。睡虎地秦墓竹简整理小组将"宇"释为"堂"，认为堂即厅堂，"一宇二内"是有一间厅堂、两间内室，共三间房；《秦简牍合集》［壹］的编校者则将"宇"释为宅基，[①]"一宇二内"就是在一个宅基地上有两间房屋。那么，甲的"家室"究竟是三间房屋（**一间堂屋，两间内室**），还是只有两间房呢？

---

① 陈伟主编：《秦简牍合集》[壹]上，第272、289页。

关键在于对"宇"的解释。《说文》称"宇",谓"屋边也"。①《淮南子·氾论训》"上栋下宇"句下高诱注云:"宇,屋之垂。"②"宇"的本义乃是指屋檐、屋边。所谓"四垂为宇",即房屋覆顶四周向屋墙外延伸出来、用于遮挡雨水的那部分。《诗经·豳风·七月》:"七月在野,八月在宇,九月在户,十月蟋蟀入我床下。"其中的"在宇"就是指立在屋檐下("在户"是进入屋内)。③在房屋的正中间部分,将屋墙向内缩、屋檐向外伸,就形成"宇",以备阴雨时立于"宇"下。而有"宇"的部分,一般在房屋的正中间,亦即"堂"(厅堂)的外面;所以,"宇"乃构成"堂"前遮蔽风雨的地带。又因为"堂"正面的屋墙向里缩进,门又开在正中间,堂内较为明亮,而两边的内室则较为昏暗,所以"一堂二内"又称为"一明二暗"。因此,所谓"一宇二内""一堂二内""一明二暗",都是指一间居中的堂屋,两边各有一间内室,共同构成由三间组成的房屋。

《秦简牍合集》[壹]的编校者引三条材料,以说明"宇"当指宅基。④其中,《为吏之道》简19"勿令为户,勿鼠

---

① 许慎:《说文解字》,第150页。
② 刘文典:《淮南鸿烈集解》卷十三《氾论训》,北京:中华书局,1989年,第422页。
③ 王先谦:《诗三家义集疏》卷十三《豳风》,《七月》,第517–518页。
④ 陈伟主编:《秦简牍合集》[壹]上,第272页。

（予）田宇"以及《日书》甲种《室忌》简103"以用垣宇，闭货贝"的"宇"，乃是用其引申义，就是指家室房屋，释为宅基，并不妥恰。《日书》甲种《凡宇》简23"宇中有谷，不吉"的"宇"，仍当释为"屋檐下"或"厅堂"为妥，意为厅堂里或屋檐下堆放谷物，不吉。至于将"宇相直者不为'院'"解释为"宇之间的垣不为院"，则更加不妥，盖环绕房屋的垣正是"院"（见下文）。

　　"宇"（"堂"）是一座住宅的核心，所以，建筑颇有讲究。睡虎地秦墓竹简《日书》甲种《相宅》首列"宇"的营建。它说"宇"不宜过高，也不宜过低：过高会使主人地位高贵，却很清贫；过低，则会使主人虽然富有资财，身体却会残疾（"凡宇，最邦之高，贵、贫；宇，最邦之下，富而癃"）。反过来说，贵族官僚之家的"宇"大多较高，而富商大贾家的"宇"则相对较低。《相宅》又说："宇四旁高，中央下，富。宇四旁下，中央高，贫。"所谓"四旁"，当指宇的四个角；"中央"，当指宇的前面正中，门的上方。宇有"四旁"，说明有的"宇"（"堂"）与两侧的"内"并不相联。《相宅》又说："宇多于西南之西，富。宇多于西北之北，绝后。宇多于东北之北，安。宇多于东北，出逐。宇多于东南，富，女子为正。"宇"多"，当是指屋檐在正常的长度上，又向外延伸。所谓"宇多于西南之西"，就是"宇"的西南角，

14

再向前（西）延伸一截出去。这样的"宇"，也应当是独立的。但"宇"即使相对独立，也不应在四周修有通道，更不能靠近大树（"道周环宇，不吉。祠木临宇，不吉。"）。①

相对独立的"宇"（与二"内"不相联的"宇"，"堂"）可能建有附属的"庑"与"屏"。睡虎地秦墓竹简《日书》甲种《相宅》说如果"庑居东方，乡（向）井，日出炙其韩（榦），其后必肉食"。这里的"庑"在"宇"的东侧，其南面一点是"井"；"韩（榦）"，是井栏。位于宇（堂）东侧（偏南）的"庑"与"宇"相联，前面是井，阳光照在井栏上，这样的人家，日后是会富贵的。《相宅》又说"屏"应当放在"宇"的后面，不能放在"宇"的前面。②这里的"屏"，就是厕所。一般人家，未必在"宇（堂）"前建有"庑"，但在"宇"的后面隐僻处，是会有"屏"的。

其次是关于"内"。"一宇二内"的"二内"（以及"一明二暗"的"二暗"），应当分处于"宇"的两侧，又有"大

---

① 睡虎地秦墓竹简整理小组：《睡虎地秦墓竹简》(精装本)，《释文注释》，第210页；陈伟主编：《秦简牍合集》[壹]上，第437—438页。句读有所不同。本段所说的"宇"，整理者释为"居"。《秦简牍合集》编校者释为"建筑群四至所及的整个空间"，均不知所据。《相宅》先相宇，然后相垣、池、圈、井、庑、内、圂、屏等，由宅的核心部分"宇"依次展开，条理甚为清晰，将"宇"释为整个居、宅，反而显得紊乱了，而且与所叙"宇"的诸多现象，多不能相合。兹不从。

② 睡虎地秦墓竹简整理小组：《睡虎地秦墓竹简》(精装本)，《释文注释》，第211页；陈伟主编：《秦简牍合集》[壹]上，第438页。

15

内"与"小内"之别。睡虎地秦墓竹简《日书》甲种《帝》说在"室日"里不可以建筑房屋，"筑大内，大人死"。[①]那么，"大内"，就是"大人"（家中主人夫妇）所居的内室。"大内"一般位于宇（堂）的东侧。睡虎地秦墓竹简《日书》甲种说"内"居正东和东北，均吉；居于南面、西北面，都会"不畜"或"无子"。这应当是就只有一个内室的情况而言的。[②]

在睡虎地秦墓竹简《封诊式》所录"经死"爰书中，某县令史受命前往某里调查士伍丙在自己家中吊死的情况。根据令史的报告，丙的妻子、女儿与他住在一起，也参加了勘查。丙的尸体悬挂在"其室东内中北廦权，南向"。"东内"，当即"大内"，是丙与妻子居住的卧室。"廦"，即壁，墙壁。"权"，应当是用于支撑房屋的基本架构的一部分，这里当是指北面墙壁上面的横梁。令史的报告描述说：丙的头离权还有二尺，脚离地约为二寸。[③]如果以丙身高约七尺三寸计算，他所

① 睡虎地秦墓竹简整理小组：《睡虎地秦墓竹简》（精装本），《释文注释》，第195—196页；陈伟主编：《秦简牍合集》[壹]上，第398—399页。
② 睡虎地秦墓竹简整理小组：《睡虎地秦墓竹简》（精装本），《释文注释》，第211页；陈伟主编：《秦简牍合集》[壹]上，第438页。
③ 睡虎地秦墓竹简整理小组：《睡虎地秦墓竹简》（精装本），《释文注释》，第158—160页；陈伟主编：《秦简牍合集》[壹]上，第309—311页。爰书所说的"权"，整理小组疑为"橼"，释为"房橼"。然报告又说"权大一围，袤三尺"，房橼不当这样粗而短。今按：据《说文》："權，黄华木也。从木，雚声。"（许慎：《说文解字》，第117页）此处简文中的"权（權）"，盖用其本义而已，是用黄华木做成的北壁横框。

居住的"东内"北墙约高九尺五寸，合2.2米左右。①报告又说"权"的长度为三尺，西去"堪"二尺。"堪"，整理小组引《说文》谓为"地突"，又释为"地面的土台"，不甚妥恰。地突，实即烟囱。所以，这里的"堪"，就是卧室里用于烤火的火炉及其上的烟囱。这个"堪"应当位于东内的正中间。所以，"东内"的东西长度大约为一丈，也就是2.31米左右。假设这间内室是正方形，那么，其面积正是一平方丈，大约在5.34平方米左右。

"经死"爰书称丙所居为"东内"，顾名思义，丙家还应当有"西内"。"西内"，当即"小内"。"小内"应当是儿女住的卧室。睡虎地秦墓竹简《日书》甲种《相宅》说："取妇为小内。内居西南，妇不媚于君。""妇"，指儿媳妇；这个"内"，位于"宇（堂）"的西侧偏南。《相宅》又说："当祠室、依道为小内，不宜子。"②"祠室"，即祭祀室屋之神（与门神、户神同类）。室内可能有一处固定的地方，很可能是在

---

① 秦时1尺，大到相当今23.1厘米。请参阅丘光明编著：《中国历代度量衡考》，北京：科学出版社，第8—11页。

② 睡虎地秦墓竹简整理小组：《睡虎地秦墓竹简》（精装本），《释文 注释》，第211页；陈伟主编：《秦简牍合集》[壹]上，第438页。标点与两书有所不同。关于"大内"与"小内"，《秦简牍合集》编校者引晏昌贵、梅莉的意见，认为妇女的居所为"小内"，男主人的居所为"大内"。今不从。

室"中"，亦即宇（堂）的正中间，用来祭祀室神。①这句话的意思是说："小内"不应当正对着祭祀室神的地方（*也就是堂的正中间*），也不应当位于过道的旁边。显然，这都是为了维护"小内"的隐蔽性。比较而言，"大内"就没有这些要求。这也反过来说明，"大内"应当是父母的卧室，而"小内"则是儿子儿媳的卧室。"经死"爰书中所见的丙家，女儿还没有出嫁，应当是居于"西内"（或"小内"）的。所以，"大内"乃是"大人"之"内"（*卧室*），"小内"乃是"小辈"之"内"（*卧室*）。

第三是关于"盖"与"木大具"。乡某的报告说，乙的房屋"内室皆瓦盖"。在今见秦简牍中，"盖"大抵指房屋的覆顶，而"屋"则包括覆顶与支撑覆顶的架木、屋梁。睡虎地秦墓竹简《日书》乙种《室忌》说春季庚辛、夏季壬癸、秋季甲乙、冬季丙丁日，均不宜"作事、复（覆）内、暴屋。以此日暴屋，屋以此日为盖，（屋）屋不坏折，主人必大伤"。②整理小组引《广雅·释诂》，释"暴"为"举也"，认为

---

① 《日书》乙种《祠五祀》列举祠室、祠门、祠户、祠行、祠灶等所谓"祠五祀"的日期，作"祠室中日"。而在《祠》下，则作"祠室"，说明祠室应当是在室的正中间的。在室为"一宇二内"的格局下，"室中"显然是在宇（堂）的正中间。参阅睡虎地秦墓竹简整理小组：《睡虎地秦墓竹简》（精装本），《释文 注释》，第236、244页；陈伟主编：《秦简牍合集》[壹]上，第524页

② 睡虎地秦墓竹简整理小组：《睡虎地秦墓竹简》（精装本），《释文 注释》，第240-241页；陈伟主编：《秦简牍合集》[壹]上，第538页。

"暴屋"，就是树立屋架，应可从。那么，"作屋"就包括"暴"（树立屋架）和"盖"（覆顶）两个步骤，前者多用大木，后者则多用瓦或茅。"封守"爰书中说甲家室屋"木大具"。整理小组引《淮南子·原道》注，释"具"为"备"，认为"木大具"意为"房屋的木料齐备"，但也同时指出："'具'读为'暴屋'的'暴'。"结合上引《日书·室忌》，我们认为仍当释为"暴"为妥，则"木大具"意为用大木架起屋顶。

最后是关于"户"与"门"。在"封守"爰书中，乡某的报告说甲家的一宇二内，各有"户"，也就是"宇"（堂）和两个"内"各自有门可以进入，亦即三间房有三个门。上引《日书》甲种《相宅》说"小内"（西内）"当祠室（中）、依道"。如果"小内"可以正对着"堂"的中心，那么，它是与"堂"相联着的（二者之间或者只有一道篱笆或帘子相隔），没有单独的"户"，是从堂中进入小内的。如果小内"依道"，它应当有独立的"户"，其"户"傍着"道"。同样，"大内"也可能与"堂"相通联，而没有自己独立的"户"。换言之，一宇二内可能只有一个"户"，即在宇（堂）的正中开一个"户"，两个内室均经过宇（堂）进入；也可能有两个"户"（一个"内"有"户"，另一个"内"无户），或者三个"户"（即"各有户"）。在有三

19

个"户"的情况下，"宇"（堂）与两个"内"之间在内部或各不相通，相对独立。

"封守"爰书说甲家"门桑十木"。整理小组认为"门桑十木"的"木"应为"朱"字之误，本当作"门桑十朱"，所以把"门桑十木"解释为"门前有桑树十株"。《秦简牍合集》的编校者引用吉仕梅、陈伟武的意见，指出"木"字不误，却并未能给出合理的解释。我们同意"木"字不误的意见，并进而认为："门桑"，不当理解为门前的桑木，而当理解为"桑门"，即用桑木做成的门；"门桑十木"，就是用十根桑木做成的门。

用桑木做门户，见于《战国策·秦策》"苏秦始将连横说秦惠王"章，其中说到苏秦出身贫穷，不过是"穷巷掘门、桑户棬枢之士"。掘，通"窟"。掘门，就是在垣墙上挖个洞，当作门。桑户，是用桑条做成的门；棬枢，是用绳子把桑条做成的门系在门枢上。[①]值得注意的是，"掘门"是对着巷子的尽头（"穷巷"）的，而"桑户"则在门的里边。换言之，"门"是院子的门，"户"是房屋的门。《战国策·秦策》所记苏秦的院子门是在垣墙上挖了个洞，房屋的门则是用桑条编的，用绳子系在门框（枢）上。"封守"爰书所报告的士伍甲

---

① 范祥雍笺证，范邦谨协校：《战国策笺证》卷三《秦策》一，上海：上海古籍出版社，2006年，第143、163页。

的家室，院子的门是用十根桑木做的，三间房屋（"一宇一内"）各有自己的门（称为"户"）。

门上抑或有"盖"（覆顶），但比较少。《日书》甲种《直室门》说："辟门，成之即之盖，廿岁必富，大吉，廿岁更。"[①]在所绘的图上，辟门是诸多门中的一种。这个门，建好了之后立即给加上一个盖（覆顶），将会大吉。反过来说，大部分的门，应当是没有盖（覆顶）的。

《日书》甲种《相宅》说"门"最好与"宇"南北相对（"门欲当宇隋"）。其所说的"门"是院子的门，它最好与"宇"的门（"户"）在南北中轴线上。《相宅》又说："小宫大门，贫。大宫小门，女子喜宫斲（斗）。"[②]"宫"，即"室"，这里应当是指院子内所有的居住空间；"门"（无论"小宫"的"大门"，还是"大宫"的"小门"），则都是"宫"（院子）的门。

《日书》甲种《门》说入月七日及冬未、春戌、夏丑、秋辰的四敫日（季节轮替之日），"不可初穿门，为户、牖，

① 睡虎地秦墓竹简整理小组：《睡虎地秦墓竹简》（精装本），《释文注释》，第199页；陈伟主编：《秦简牍合集》[壹]上，第407页。

② 睡虎地秦墓竹简整理小组：《睡虎地秦墓竹简》（精装本），《释文注释》，第211页；陈伟主编：《秦简牍合集》[壹]上，第438–439页。"女子喜宫斲（斗）"的"宫"字，整理小组认为系衍字，今不从。

伐木，坏垣，起垣，斸（彻）屋及杀，大凶"。[①]"门"与"户""牖"（窗子）并列，也说明"门"乃是院子的大门。"穿门"，就是在土垣上挖个门洞。

《日书》甲种《四向门》对一年中各个月可以开哪个方向的门以及如何造门，均有规定。如：七、八、九三个月可以开向北的门，在丙午、丁酉、丙申三个日子里建造围墙（"垣之"），用红色皮毛的牲畜祭祀（"其牲赤"）；正月、二月、三月可以开向南的门，在癸酉、壬辰、壬午日"垣之"，"其牲（牲）黑"，等等。[②]这里的"垣"显然是院子的围墙，而"门"是开在"垣"上的。

弄清楚以上四点之后，我们对于"封守"爰书所说"一宇二内"的住宅格局就有了较为清楚的认识：房屋外面有土垣围绕，构成院子；正面（一般为南面）的院垣（院墙）中间开一道门，用桑木作成门板，作为院门。院子里居中或靠北建有三间房屋，分别开有门。正中间称为"宇"（"堂"），较为高大宽阔明亮，门前的屋檐向前伸出，以遮蔽风雨；宇门与院门相对，联成整个住宅的南北中轴线。"宇"（"堂"）

① 睡虎地秦墓竹简整理小组：《睡虎地秦墓竹简》（精装本），《释文注释》，第226页；陈伟主编：《秦简牍合集》[壹]上，第501页。

② 睡虎地秦墓竹简整理小组：《睡虎地秦墓竹简》（精装本），《释文注释》，第195页；陈伟主编：《秦简牍合集》〔壹〕上，第400页。

的两侧各有一间内室，东间称为"大内"或"东内"，是家中主人夫妇的卧室；西间称为"小内"或"西内"，是儿女小辈的寝处。房屋一般使用较为粗大的木头架起基本架构，屋顶用瓦覆顶。在"封守"爰书中，甲的身份是士伍，尚未获得军功爵，是较为普通的编户齐民（"庶民""黔首"），所以，此种"一宇二内"的住宅，可以看作为秦时编户齐民较为理想或视为标准的住宅形式。

地位稍高、较为富裕的人家，居住条件要好一些，格局也要复杂一些。在睡虎地秦墓竹简《封诊式》"穴盗"爰书中，某里的士五（伍）乙报告说：前一天晚上，他把一件复结衣放在"房内中，闭其户"；自己与妻子丙夜里睡在"堂上"。翌日晨，"启户取衣"，发现已经有人打了地道进入过"房内"。找遍了"内中"，也没有发现自己的复结衣。根据令史某勘查现场的报告：乙家的"房内"在"大内"的东侧，与"大内"相邻，在南面开有门（"户"），这个"内"的后面有一个"小堂"。"内"的中央有一孔新的地穴，凿穴挖出的土都堆在"小堂"上。"内"的北边就是"垣"，高七尺，垣的北边是巷子。北垣与小堂的北墙相距一丈，东垣与"内"的东墙相隔五步。"内"里放着一张竹床，在"内"的东北部，离东墙、北墙各有四尺，高一尺。乙把衣服就放在床的中间。^①据此，乙的住宅，在"堂"的东边，依次是"大内""内"，在"内"的北侧，还有一个"小堂"。一般说来，堂的两侧应当是对称的。那么，乙家应当是有一个堂（宇），两个大内，两个内，以及两个小堂。如果小堂只是"内"的附属建筑，那么，乙家的居室格局基本上可以看作是"一堂四内"，亦即五间房；如果将"小堂"视作独立的房间，则乙家的居室共有七间房。乙放衣服的床置于"内"的东北部，离东、北墙各有四尺。假设床的西南角正在"内"的中心，以床长八尺、宽六尺计算，"内"的东西长当有二十四尺（约5.54米），南北宽当有二十尺（约4.62米），面积约26平方米。"大内"和"堂"应当比这间"内"要大些，再加上"小堂"，乙家的室内面积可能在150平方米左右。乙家院子的围墙有七尺，即一人高；院内应当还有其他的附属建筑，确然是一栋较大的宅第。

睡虎地秦墓竹简《日书》甲种在《直室门》一目下列举了北门、南门、东门以及仓门、辟门、大伍门等各种各样的门，并画了一幅图表示这些门的位置和相互间的关系（图1）。^②

---

① 睡虎地秦墓竹简整理小组：《睡虎地秦墓竹简》（精装本），《释文注释》，第160-161页；陈伟主编：《秦简牍合集》[壹]上，第312-314页。

② 睡虎地秦墓竹简整理小组：《睡虎地秦墓竹简》（精装本），《释文注释》，第198-200页；陈伟主编：《秦简牍合集》[壹]上，第406-410页。

刘乐贤先生说：直室门，就是设置家室住宅的门；图中标有"囷""冢""大殿""羊"等，都说明这里所说的门，乃是住宅的门。①由简114-126共同拼接而成的图上，可以清晰地看出：这些门，都开在"垣"上，也就是院子四周的围墙上。

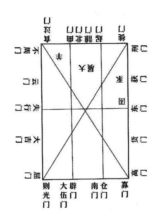

图1　睡虎地秦墓竹简《日书》甲种《直室门》附图清绘

（据睡虎地秦墓竹简整理小组：《睡虎地秦墓竹简》（精装本），《释文 注释》，北京：文物出版社，1990年，第198页）

《日书》甲种《直室门》说仓门"富，井居西南，囷居北向廥，廥毋绝县（悬）肉"。又说："获门，其主必富。

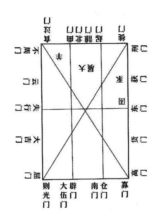

————————————

①　刘乐贤：《睡虎地秦简日书研究》，台北：文津出版社，1994年，第150-151页。

八岁更，左井右囷，囷北向廥。"①在所附绘图上，"仓门"在"南门"的东侧，"获门"则在"东门"的北侧。大概"仓门"与"获门"在功能上相似，并不并存。"囷"与"廥"都被释为仓库，大概是形状不同或储存不同东西的仓库（"囷"被认为是圆形的谷仓；"廥"里要经常悬挂着肉，说明它可能是用来储存食物的地方，更可能就是厨房）。据简文推测，"囷"与"廥"可能都在院内的东半部分，"囷"靠南一点，"廥"靠北一点。院内的西半部分，与"囷"相对的，是"井"（在院子的西南部）。绘图居于北部正中部分的"大厦"（释作"殿"），正是院落的中心，当即主屋。那么，"大厦"左侧偏前一点标出的"豕"，右侧偏后一点标出的"羊"，当分别是猪舍和羊圈。

当然，大厦（宇、内）、囷、廥、井、圈等设施，在院子内的具体位置，会有很大不同。睡虎地秦墓竹简《日书》甲种《相宅》以"宇"为中心，分别说明院落内外各种设施与"宇"之间的相对位置。它说"圈"（据《直室门》中的绘图，应当是羊圈）放在"宇"的西南方或正北方，都是可以的；放在"宇"的西北方，最利于牲畜孳育繁衍（"宜子与"），这与《直室门》图上所示"羊"的位置是相合的；把

①　睡虎地秦墓竹简整理小组：《睡虎地秦墓竹简》（精装本），《释文 注释》，第199页；陈伟主编：《秦简牍合集》[壹]上，第407页。

26

羊圈放在"宇"的正东方或东南方，都不好。"圂"（猪圈）如果放在"宇"的西北方向的角上（在羊圈北），适宜猪的生长，但会不利于人；放在宇的东北和正南，都不好；所以，"圂"最好放在"宇"的正北边（与"屏"在一起）。这说明，猪圈（圂）的位置其实有不同的选择。"囷"（圆仓）放在"宇"西南方向或东北方向的角落里，都是好的，但不能放在"宇"的西北和东南方向的角上，这与《直室门》图上标出的"囷"的位置（在宇的东南方向上）并不一致，反映出"囷"在院子中的位置并不固定。如果在院子里凿井，最好放在"宇"的东南方，在"宇"的正门与右内室（"大内"）的窗户之间的位置上，绝不能放在"宇"的西南或西北方。①

有的人家，在主屋之外，可能还建有东、西厢房。睡虎地秦墓竹简《日书》甲种《帝》说在"室日"里不可以建筑房屋，"筑大内，大人死。筑右序，长子妇死。筑左序，中子妇死。

① 睡虎地秦墓竹简整理小组：《睡虎地秦墓竹简》（精装本），《释文 注释》，第210页；陈伟主编：《秦简牍合集》[壹]上，第438-441页。《日书》甲种中说："圈居宇西北，宜子与。"子与，当释为孳育。这里是说把羊圈放在宇的西北方向上，比较适宜羊的生育繁殖。或认为"与"乃"兴"字之误，遂将"宜子与（兴）"释为宜于子孙的兴旺。兹不从。圂（猪圈）常与屏（厕）在一起，亦见于《日书》乙种《圂忌日》，说己丑、癸丑都不宜"为圂厕"，而戊寅、戊辰等日，则宜于"屏圂"。"圂厕"与"屏圂"显然是一回事，而且屏（厕）与圂也联在一起。睡虎地秦墓竹简整理小组：《睡虎地秦墓竹简》（精装本），《释文 注释》，第248页；陈伟主编：《秦简牍合集》[壹]上，第555页。

筑外垣，孙子死。筑北垣，牛羊死"。①大内，是"大人"（家中主人夫妇）所居，在"堂"的东边（已见上文）。"右序""左序"与"大内"相并列，当是指东、西序，亦即东西厢房，而不会是指东、西有两道短墙。"筑北垣，牛羊死"，显然是因为牛羊圈靠近北垣的缘故（见上文）。那么，"筑外垣，孙子死"，则当理解为孙子经常在靠近外垣的地方活动的缘故。显然，"外垣"是在"垣"之外，很可能是在院子的南垣之外，又加筑了一道垣，从而在南门外形成了两道垣，这就是后来发展成为"厅"的部分。在南垣外再加筑一道垣，构成"厅"，就使整个住宅表现为两进，有两道门：入大门，进入"厅"；进第一道门，进入"院"；院门正对着"宇"（堂）门，堂的两侧各有一间、两间或三间房，则主屋分别为"一宇二内"（三间）、"一宇四内"（五间）或"一宇六内"（七间）；院的东西两侧各有东、西"序"（东西厢房），院子内又分布着"囷"（谷仓）、"廥"（食物仓库，厨房）、"圈"（牛羊圈）、"圂"（猪圈）、"井"、"屏"（厕所）等。这应当是较为富贵的人家的住宅。

社会经济地位不同的庶民，居住条件当然不同。岳麓书院藏秦简《狱状》所录"魏盗杀安、宜等案"说：秦王政二十年（前

---

① 睡虎地秦墓竹简整理小组：《睡虎地秦墓竹简》（精装本），《释文注释》，第195-196页；陈伟主编：《秦简牍合集》[壹]上，第398-399页。

22）十一月，士伍"女"、□妾"直"以及一位不知名女子被发现死在"内中"。破案后，凶手"魏"交代说：在准备作案时，他曾"佗（施）行出高门，视可盗者"；作案当天，他"莫（暮）食时到安等舍，□寄□其内中。有顷，安等皆卧，出，魏伐刑杀安等"。①士伍"安"的舍有"高门"，"魏"在傍晚即潜入"安"的舍里，说明"安"的舍是一所宅院，"内"居院中，是卧室。此案发生在栎阳，此种宅院在秦时的关中地区当非个例。

在"得之强与弃妻奸案"中，秦王政元年（前246），"夌"被"得之"遗弃后自己居住，"得之"又去找她，强行把她拉到"里门宿"，试图强奸她，为"颠"撞破，未能得逞。②"里门"应是"里室"（内室）的门，是联通"内"与"堂"之间的门，则"堂"的门当即"外门"。"夌"家的住屋，很可能是"一外一里"（一个外间，一个里间，亦即

---

① 朱汉民、陈松长主编：《岳麓书院藏秦简》（叁），上海：上海辞书出版社，2013年，第47-49、185-195页。

② 朱汉民、陈松长主编：《岳麓书院藏秦简》（叁），第51-53、196-204页。在简文中，《狱状》录夌的供词说："为得之妻而弃。晦逢得之，得之捽偃夌，欲与夌奸。夌弗听，有（又）殴夌。"（简173）又详细描述说："晦逢得之，得之欲与夌奸。夌弗听，即捽倍（踣）庌（屏）夌，欲强与夌奸。夌与务，殴捞夌。夌恐，即逯谓得之：'迺（道）之夌里门宿。'到里门宿，[逢颠，弗能]与夌奸，即去。"（简178-179）得之辩称："逢夌，和与奸。未已（已），闻人声。即起，和与偕之室里门宿。得之[口]弗能与夌。"（简177-178）颠的证言说："见得之牵夌，夌谓颠：'救吾！'得之言曰：'我□□□□□殴（也）。'颠弗救，去。不智（知）它。"（简180）

29

"一堂一内")。而"得之"与"竂"在"堂"与"内"之间的"里门"处拉扯，被经过附近的"颠"见到，则"竂"家或并没有围垣，或者院墙仅由篱笆构成。此案发生于当阳，据《汉书·地理志》，属南郡。然则，长江中游地区小户人家的居住格局，又有所不同。

虽然存在着诸多地方差异与社会阶层的差别，但从总体上看，以"一宇二内"（"一堂二内""一明二暗"）为主屋，四周有垣墙环绕、形成宅院，院内包括廥、囷、圈、圂、井等附属设施的宅院，可能是秦时普通民户（编户齐民）理想的或视为标准的住宅形式。那么，"一宇二内"（"一堂二内"）式的宅院，又是如何形成的呢？

二、"一堂二内"式房屋与院落的形成

早期农业聚落的房屋形式，最初主要表现为半地穴式的圆形或方形房屋（"半穴居"），然后沿着两个方向演化：一是房屋基址逐步抬高，从半地居，经过浅穴居，到地面居，再到高台居；二是房址平面形状从圆形、方形的单室，向长方形的双室、多室演化。史前中国各地农业聚落的房屋形式及其演变虽然有很大差别，特别是南方一些地区最初的房屋可能表现为"干栏居"形式，其演变方向、过程与黄河流域有很大差别，但房屋平面形状由圆形、方形单室向长方形双室、多室的演化，却是基本一致的。[①]

人类学家弗兰纳里（K.V. Flannery）曾经讨论早期农业聚落的两种居址类型——圆形房屋与方形房屋，认为圆形房屋往往为流动或半流动社群所居住，而方形房屋的居住者则一般为完全定居社群；在不同地区的早期文化中，大抵都存在一种方形房屋逐步取代圆形房屋的趋势；圆形房屋虽然易于建造，但却不易增加与分隔空间，因而更适于核心家庭居住；方形房屋更易添加与分隔房间，更适于人口增加后的大家庭或扩大化家庭居住。[②]因此，房屋形式由圆形向方形的转变、方形房屋的

---

① 关于黄河流域史前住宅形式及其演变，请参阅杨鸿勋：《仰韶文化居住建筑发展问题的探讨》，《考古学报》1975年第1期；杨鸿勋：《从盘龙城商代宫殿遗址谈中国宫廷建筑发展的几个问题》，《文物》1976年第2期；周星：《黄河流域的史前住宅形式及其发展》，见田昌五、石兴邦主编《中国原始文化论集——纪念尹达八十诞辰》，北京：文物出版社，1989年，第281-296页；谢端琚、赵信：《黄河上游原始文化居住建筑略说》，见田昌五、石兴邦主编《中国原始文化论集——纪念尹达八十诞辰》，第297-319页。关于中国南方地区的"干栏式"建筑，请参阅戴裔煊：《干兰：西南中国原始住宅的研究》，广州：岭南大学西南社会经济研究所，1948年（太原：山西人民出版社，2014年），又见蔡鸿生编《戴裔煊文集》，广州：中山大学出版社，2004年，第3-61页；安志敏：《"干兰"式建筑的考古研究》，初刊于《考古学报》1963年第2期，后收入氏著《中国新石器时代论集》，北京：文物出版社，1982年，第204-223页。

② K.V. Flannery. "The Origin of the Village as a Settlement Type in Mesoamerica and the Near East: A Comparative Study." In P. J. Ucko, R. Tringham, G.W. Dimbleby eds. *Man, Settlement and Urbanism*. Cambridge, Massachusetts: Schenkman Publishing Company, 1972, pp.23-53.

扩大与分隔（即双室与多室房屋的出现），在很大程度上就意味着家庭结构的转变。

在黄河流域，前仰韶文化中绝大多数为圆形房屋，方形者仅在裴李岗文化中偶有存在。从仰韶文化半坡类型起，方形房屋大量涌现，并在数量和质量上超过了圆形住宅。仰韶文化晚期，长方形房屋才较多出现，秦王寨类型的房址即大多数为长方形。换言之，长方形的双室或多室房屋，到仰韶文化晚期才大量出现。在长江流域，双室与多室房屋，也只是到屈家岭文化晚期和石家河文化、马家浜文化、崧泽文化时期才较为普遍。

在今见考古材料中，双室或多室房屋，根据房间之间的关系，可分为三种类型：

第一种是房间之间有门道相通的双室或多室房屋（**类型Ⅰ**）。荥阳点军台遗址F1是较早的相通式双间房屋。其西间南北长6.04米、东西宽5.4米，室内面积约26平方米；其东墙中部偏北有一道宽0.55米的门；房间中部有一方形灶火塘。东间南北长同西间，东西宽2.08米，房内没有灶火塘。东、西间共用北墙，间隔墙有门道相通，说明这是一座同时建筑的房屋（**图2**）。[1]两间房的使用者共用一个灶火塘，当属同一个生活居住单位，亦即"家庭"。

---

[1] 张松林主编，郑州市文物考古研究所编著：《郑州文物考古与研究（一）》，北京：科学出版社，2003年，第83页。

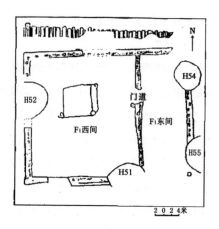

图2　河南郑州荥阳点军台遗址F1平面图清绘

（采自张松林主编，郑州市文物考古研究所编著：《郑州文物考古与研究（一）》，北京：科学出版社，2003年，第83页）

淅川黄楝树遗址（屈家岭文化）的F11是一座双间房，通长8.12米，宽4.18米-4.25米，中间有一道隔墙将其分成东西二室。东室面积略大，有19.2平方米；西室13.2平方米。西室北墙西端、西墙南端各开一房门，隔墙北端有一过道门连通东西两室。共有两个火塘，分别位于西室东墙南端以及东室东北角。发掘报告认为：F11可能曾发生过大火，房主仓促出逃而将其废弃，房内发现有较完整的陶、石、骨器73件，似乎未经后人扰动。推测两室应属于同一个家庭所有，房内出土的工具和生活用具，反映了当时　个家庭的生产生活情况（图3）。
从出土的生产工具揣测，这个家庭主要以砍倒烧光的方式从事
农业生产，种植水稻等作物，使用石镰收割。农闲时到山林中
狩猎，使用石球和可以远射的弓箭；女人们则在家纺线织布，
缝补衣服。从出土的生活用具看，当时家庭日常生活大多使用
陶器。钵、碗均位于火塘边，表明人们习惯于围着火塘就食。
F11共出土了3只碗、1个钵，或者可以据此推测这一家庭的人
口数可能在4人左右。西室面积较小，有两条与外面相通的门

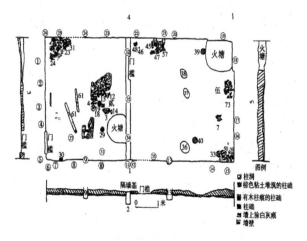

图3　河南淅川黄楝树遗址F11平、剖面图

（采自郭立新：《屈家岭文化的聚落形态与社会结构分析——以
淅川黄楝树遗址为例》，《中原文物》2004年第6期）

道，室内的出土物，如正北隅门边堆积的多为较大的容器，火塘边有炊器，这些表明西室可能主要用作炊食食物的厨房和盛放食物、水和日用品的地方。东室面积较大，火塘偏于一隅，室内较宽敞；出土器物除了食器之外，还有纺轮、骨针和石镰等工具。可能是起居的卧室和妇女做手工劳动的地方，里面的火塘当主要用于取暖。显然，F11的两间房分别具有起居室和厨房的功能，睡卧与炊事也是分离的。[①]

有的两间相连的房址，虽然共用的隔墙上没有门道相通，各房各自开门，但其中一间没有灶坑，明显附属于另一间。这种双室房屋，应当是类型Ⅰ的变形。如浙江桐乡普安桥遗址F3是一座面积近35平方米的方形房屋（*属崧泽文化时期*），室内有隔墙，将房子分成南北两间，两室各自有门，但两室之间不见联系通道。北室内外都有灶塘，而南室内较为空旷。显然，南室本身并没有独立的生活功能，可以看作北室的附属物（图4）。[②]

---

① 长江流域规划办公室考古队河南分队：《河南淅川黄楝树遗址发掘报告》，《华夏考古》1990年第3期；郭立新：《屈家岭文化的聚落形态与社会结构分析——以淅川黄楝树遗址为例》，《中原文物》2004年第6期。
② 北京大学考古学系等：《浙江桐乡普安桥遗址发掘简报》，《文物》1998年第4期。

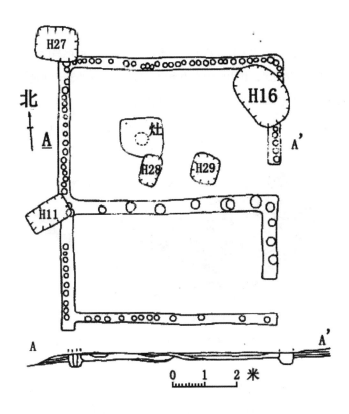

图4　浙江桐乡普安桥遗址F3平、剖面图

（采自北京大学考古学系等：《浙江桐乡普安桥遗址发掘简报》，《文物》1998年第4期）

江苏吴江龙南遗址发现的12座房址，多为半地穴式或浅地穴式，室内均未发现灶址，而考古学者认为，87F5与F6应是配套的双间房，其中F5内有内窖穴和睡坑，却未发现用火的遗迹；而F6内没有发现内窖穴及睡卧遗迹，却有一块长40厘米、宽35厘米的经过火烧的硬面。所以，F6可能是灶间，F5是住屋，二者共同构成一个居住生活空间（图5）。①

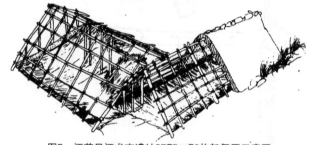

图5　江苏吴江龙南遗址87F5、F6构架复原示意图

（采自钱公麟：《吴江龙南遗址房址初探》，《文物》1990年第7期）

第二种是房间虽然共用隔墙、但却无门相通，并列相邻的房间实际上相对独立的双室或多室房屋（类型Ⅱ）。大河村

---

①　钱公麟：《吴江龙南遗址房址初探》，《文物》1990年第7期；苏州博物馆等：《江苏吴江龙南新石器时代村落遗址第一、二次发掘简报》，《文物》1990年第7期；郑小炉：《从龙南遗址看良渚文化的住居和祭祀》，《东南文化》2004年第1期。

遗址二期的F19、F20虽然共用一堵墙壁，但二者并不相通，而是各有向外开放的房门。其中F20南北长4.13米，东西宽3.7米，面积约为15.3平方米；房内东北部有一个东西长0.95米、南北宽0.9米、高4厘米的方形灶台；室内遗物丰富，多

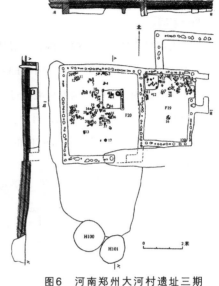

图6　河南郑州大河村遗址三期
F19、F20平、剖面图
（采自郑州市文物考古研究
所编著：《郑州大河村》，北京：
科学出版社，2001年，第173页）

放置在房内西半部和灶台上。F19面积仅7.6平方米，在房内西北角有一个长方形灶台，遗物多放置在室内北半部和灶台上，器物种类与F20大致相同（图6）。①F19与F20应当是同时并存的，

---

① 郑州市文物考古研究所编著：《郑州大河村》，北京：科学出版社，2001年，第173页。

甚至是同时建筑的，是各自独立的生活单位，其居住者应当是两个家庭。

大河村遗址三期的F1—F4，一般认为是典型的多间房。它由自西向东依次相连的F2—F1—F3—F4四间房屋组成。考古工作者认为，这四间房屋可能经过三次修建：第一次只建了F1和F2，F1与F2共用一墙，但没有门相通，各有灶台，与上述F19、F20相似。第二次是在F1的东墙壁外接建了F3，也有灶台与单独的房门，并不与F1相通。第三次是在F3的东壁继续向东接建F4，其面积仅有2.5平方米，不设灶台，显然不会是供日常生活用的居室（图

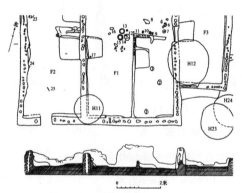

图7 河南郑州大河村遗址三期F1—F4房基平、剖面图

（采自郑州市文物考古研究所编著：《郑州大河村》，北京：科学出版社，2001年，第168页）

7）。①分析这一组住屋，可以认为：F1、F2与F3应当是三个

---

① 郑州市博物馆：《郑州大河村仰韶文化的房基遗址》，《考古》1973年第6期；郑州市文物考古研究所编著：《郑州大河村》，第168页。

家庭居住单位，F4则可能是F3的附属。F3 建筑晚于F1、F2，居住者很可能是后者的晚辈；而F1、F2的居住者则很可能是同辈。

　　均县朱家台遗址F2（**仰韶文化晚期**）有南北两间房址，居住面积均在27平方米左右。北面一间靠隔墙中部设一地面灶，灶上及四周地面留有陶盆3、碗9、罐13、杯2、盖2件，纺轮和石斧、凿、环各1件。南面一间未见有灶，估计原位于中部；器物也大都在隔墙下，有陶碗4、罐4、杯1、纺轮1、石斧2、铲1、环1件以及骨镞2件；室内东北角还铺有竹席，席子上有被火烧过的散乱人骨，发掘报告估计有3具个体，其中有一具较完整的儿童骨架。F2的墙壁及居住面均被火烧烤过，居住面上有灰烬，倒塌堆积也是红烧土，显然是因失火而废弃的。据此，南间的居住者很可能至少有三口。南北两间所出器物的种类相仿，都有炊器、饮食器和纺织、木作等工具。可以推测，南、北间所居都是比较独立的生活单位，所出炊器与饮食器也都足够3人以上使用（图8）。①

----

① 中国社会科学院考古所长江工作队：《湖北均县朱家台遗址》，《考古学报》1989年第1期。

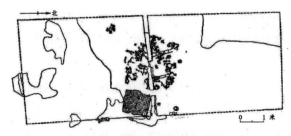

图8　湖北均县朱家台遗址F2平面图

（采自中国社会科学院考古所长江工作队：《湖北均县朱家台遗址》，《考古学报》1989年第1期）

　　第三种是所谓"排房"（类型Ⅲ）。邓州八里岗遗址发现了多座排房。其中F21（仰韶文化三期）残存长度26米，进深7米，面阔8米。各套房间面积大小差不多，又分为一人一小或一大两小间，大间房屋室内面积一般在15平方米左右，小间3平方米—6平方米。各套南北墙上均设门道出入，内部也有门连通，但各套之间没有门相通。大间房屋在室内中部或西墙下设一灶，有的小间也有灶。[①]显然，每套房屋是一个生活单位，居住者属于同一个家庭；而各套连接在一起形成的排房，则是一组经过规划建设起来

----

　　① 北京大学考古学系、南阳地区文物研究所：《河南邓州八里岗遗址的调查与试掘》，《华夏考古》1994年第2期；北京大学考古学系、南阳地区文物研究所：《河南邓州市八里岗遗址1992年的发掘与收获》，《考古》1997年第12期；北京大学考古实习队、河南省南阳市文物研究所：《河南邓州八里岗遗址发掘简报》，《文物》1998年第9期。

的居住区，居住者很可能属于同一血缘群体（家族）。

淅川下王岗仰韶文化三期遗存中保存最好的是一座坐北朝南、全长85米、进深7米—8米、面阔29间的长排房。这29间基本上都有带灶的正房，正房的前面都有门厅，其中又有24间正房分别两间一套共用一个门厅，因此整栋房屋实际上包括12个双室套房和5个单室套房，共17套房屋，每套房屋均有门相通，而各套之间不通。正房的面积大小不尽相同，最大的单间房有18.79平方米，最小的一套两间正房面积之和为13.6平方米（图9）。①长屋的居住者，应当是一个包括17个生活单位（家庭）的血缘群体（家族）。

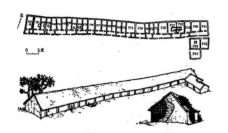

图9　河南淅川下王岗遗址仰韶文化三期长屋平面、结构图和复原图

（采自河南省文物研究所、长江流域规划办公室考古队河南分队：《淅川下王岗》，北京：文物出版社，1989年，第165—183页）

---

①　河南省文物研究所、长江流域规划办公室考古队河南分队：《淅川下王岗》，北京：文物出版社，1989年，第165—183页。

类型 I 的房屋，两个或多个房间共用一个出入的门，相互间另有门相通；居住在其中的人，应当共用灶火塘、炊食用具以及生产工具，所以，是同一个生活单位（家庭）。不同房间在功能上也发生了分化——虽然从考古材料中，只能分辨出不同房间在生活功能上的差异（如睡卧、炊食与储藏），但家庭公共生活空间（厨房）、生产空间（堆放工具、可能从事纺织的场所）、隐奥空间（寝卧处）的区分相当明显；而寝卧处所的分离，则说明可能存在着空间使用的性别与代际分划。因人口增加而产生的扩大居住面积的要求、适应生产与生活活动需要而产生的分划室内不同功能空间的要求，以及由于两代以上的配偶共处而产生的私密化空间的需求，应当是此种类型的双室或多室住屋形成并发展的根本动因。

类型 II 的相邻房屋虽然共用相邻的墙壁，但各有门出入，其居住者当分属于不同的生活单位（家庭）。所以，这一种类型的双室或多室房屋，实际上乃是两个或多个单室房屋相互连接着排列在一起，每个"室"的居住者都是一个独立的生活单位（家庭）。双室或多室房屋相邻排列，其居住者之间关系应当非常密切，可能是父子或兄弟。

类型Ⅲ的"排房"（长屋），每一套房屋（无论其为双室，还是单室）都是一个居住单元。居于各套房屋（无论是单间，还是由双间或多间组成的套间）的人，应当是具有相对独立地位的家庭（既可能是核心家庭，也可能是扩大化家庭）；其与居住在相邻套间的家庭之间，虽然可能存在密切关联，但却是各自独立的生活单元。八里岗、下王岗遗址所见，分别由若干居室单元组合而成的长屋，很可能是经过事先统一设计规划、一次建成的，反映的主要是聚落内部的统筹以及权力的作用，并不能遽然将之定性为家族，在弄清其性质之前，或者不妨将之称为"聚落共同体"。

上述三种类型的双室或多室房屋，类型Ⅱ实际上乃是两个或以上的单室房屋连接在一起，类型Ⅲ则是由若干类型Ⅰ的房屋连接在一起（也包括部分单室房间），所以，只有类型Ⅰ才是一个生活单位（家庭）共同居住的双室房屋，它也应当是后来"一堂二内"（"一宇二内""一明二暗"）式房屋的源头。

在今见考古发掘揭示的史前房屋结构中，最早的"一堂二内"式住屋结构，应是丹徒左湖遗址F1房址。F1房址属于马家浜文化时期，平面呈弧形，面积60多平方米。通过房址内留下的柱洞以及灶坑、火塘等遗迹，考古工作者将这座房屋复原成多间相隔的结构：进门有一个门棚；穿过门棚，是外间，其中部有一个大型的瓢形灶坑；外间的里侧有一个门，与里间相连，里间有弧形火塘一座；内间的边侧又有一个小门，门内是储藏间（图10）。[1]显然，F1的门棚即相当于后世文献中所说

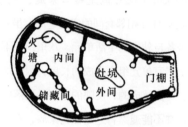

F1内部空间分隔平面示意

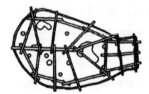
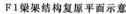

F1梁架结构复原平面示意　　　F1梁架结构复原立面剖视示意

图10　江苏丹徒左湖遗址F1室内空间分隔平面及复原示意图

（采自高蒙河：《长江下游考古地理》，上海：复旦大学出版社，2005年，第162页）

---

[1]　南京博物院等：《江苏镇江市左湖遗址发掘简报》，《考古》2000年第4期；高蒙河：《长江下游考古地理》，上海：复旦大学出版社，2005年，第162页。

的"宇"，以灶坑为中心的外间就是"堂"（"明"），内间（卧室）和储藏间则构成"二内"（"二暗"，两个内室）。

因此，"一堂二内"（"一宇二内""一明二暗"）式房屋，当源于新石器时代中晚期出现并逐步发展的由两个内部通联的房间构成的双室房屋，此种类型的居住房屋是为了适应家庭人口的增加、住屋内空间的功能分划，以及空间使用的性别与代际分划而形成的。换言之，"一堂二内"式房屋，也需要满足上述三方面的需要。

在上引均县朱家台遗址F2（仰韶文化晚期）中，南、北两个单室房屋，估计分别居住着三口人（其中南室的居住者，包括一名儿童）。单室房屋，大抵以3人居住为宜。淅川黄楝树遗址（屈家岭文化）的F11包括两间相连的房屋，推测其居住人口可能在4人左右。这两个简单的数据，似可说明如果一个生活单位（家庭）的人口数超过3人，则单室房屋即不敷使用，需要扩展居住空间。而扩展居住空间的方式，主要有三种：一是另建单室房屋，二是将单室房屋扩建为双室乃至多室房屋，三是将部分居住生活的功能性设施转移到房屋周围。第一种方式，将部分人口分到新建的单室房屋居住，需要在增加的人口具有相对独立的生活能力时，才可实施，而且分住以后遂形成新的居住单位，可视为家庭的分化；第二种方式，是在子女未成年时必然会采取的

47

办法，它保持了家庭的完整性；第三种方式，将部分居住与生活设施安排在房屋周围，就需要用竹篱、土垣等障蔽物将相关设施标识并保护起来，从而形成了"院落"。

吴江龙南遗址88F1是一间半地穴式两面屋顶的住屋。其居住面积为20.4平方米。在房屋内部正对着出入口处，发现了铺在地上的草席的痕迹，长2.4米、宽1.55米，占室内实用面积的五分之一左右。席子上还发现了纺轮、陶器等物品，说明这里应当是睡卧兼作业的场所。室内东侧还发现了一件陶盆和四件陶杯的组合，表明这里是炊食的场所；而根据陶盆、陶杯的组合，推测生活在这里的应当有四口人。在88F1中没有发现使用火的遗迹，但在其北约3米处窖穴88H20的B坑中置有两件炊器——甗，还发现较多的炭的灰烬，所以88H20可能不仅是贮藏物品的窖穴，还可能是88F1的灶间。那么，88F1的灶间是在屋外的。在室外灶的东西两侧，排列着四个祭祀坑（88H15—88H18），坑内各葬有一头完整的猪；在住屋入口外西侧约2米处，有水井一口（88H7），井内出土一件灰色陶罐；位于住屋入口外东侧1米处，有垃圾坑一个（88H14）。[①]灶间、祭

———————

① 钱公麟：《吴江龙南遗址房址初探》，《文物》1990年第7期；苏州博物馆等：《江苏吴江龙南新石器时代村落遗址第一、二次发掘简报》，《文物》1990年第7期；郑小炉：《从龙南遗址看良渚文化的住居和祭祀》，《东南文化》2004年第1期；高蒙河：《长江下游考古地理》，上海：复旦大学出版社，2005年，第159—177页。

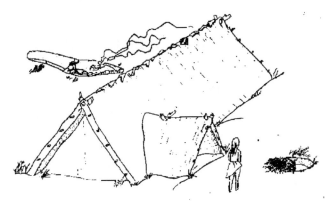

图11　江苏吴江龙南遗址88 F1 外貌复原示意图

（采自钱公麟：《吴江龙南遗址房址初探》，《文物》1990年第7期）

祀坑、水井、垃圾坑都相对集中地围绕着住屋分布，形成一个完整的居住生活区。虽然考古发掘并未揭示出围绕上述设施的篱笆、沟坎之类设施，但以88F1为中心的院落面貌却是显而易见的（图11）。因此，到新石器晚期，围绕住屋的院落当已形成雏形。

　　住屋形式及其内部格局的演变，是一个复杂曲折的长期过程。从新石器时代晚期至二里头时期，再到商周时期，不同地区、不同文化形态下的住室形式的变化进程应当各有不同，受到考古资料的限制，并无法理清这一过程及其区域差异。可是，零散的材料仍足以反映出其总体的趋势，乃是由新石器时代晚期的双室互通房屋和院落雏形，逐步向"一堂二内"（"一宇二内""一明二暗"）房屋格局和相对独立的院落发展。

偃师二里头遗址Ⅸ区82秋YLTXF1房址，曾经两番建筑使用：先是一座半地穴式建筑，穴深约1米，面积4米×3.3米，门道在东南部，屋内南壁处有一个宽约1米，长2.95米、高0.4米的平坦土台，似供睡眠休息之用。翻建时，穴坑被填平，重新挖槽、立柱、起墙，筑成地面式方形居室。面积3.4米×3.5米，稍小于前，然室内加了道隔墙，使之成为两居室房屋（**虽然面积还有所缩小**）。[①]在同一房址上，居住房屋由一间变为两间，显示出一种长期演变的趋势。

二里头遗址Ⅲ区的F1房址，位丁夯土台基之上。房址的木骨泥墙槽基宽0.4米左右，东西通长28.3米–28.5米，南北宽6米左右。南北两面均有宽约0.9米的檐下廊。房址有两道墙将房基隔成三室：东室进深5.3米，面宽12.3米，其东墙正中与南北墙各开有一道门；中室进深5.3米，面宽7.35米，东隔墙长2.42米，西隔墙长2.32米；西室进深5.2米，面宽7米，其西墙正中开有一道门。台基南面、距房址南墙1.7米–2.2米处，有若干柱子洞，洞外有柱子坑，坑底有红砂石板柱础，应当是一处建筑遗

---

① 中国社会科学院考古研究所二里头工作队：《1982年秋偃师二里头遗址九区发掘简报》，《考古》1985年第12期。

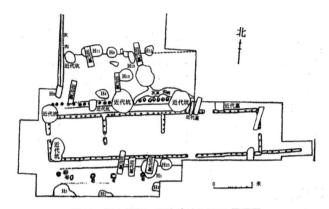

图12　河南偃师二里头遗址Ⅲ区F1平面图

（采自中国社会科学院考古研究所二里头工作队：《偃师二里头
遗址1980—1981年Ⅲ区发掘简报》，《考古》1984年第7期）

址（图12）。①F1的中室并无门通向室外，而东室最大，又有
三门通向室外，故东室应相当于"堂"，中室与西室则相当于
"二内"。房址台基南面的建筑物，或亦附属于F1。这所房屋
规模较大，当非普通居室，但其以"一堂二内"居屋为中心，
包括若干附属建筑设施的院落格局，则已较全面地表现出来。

　　河北藁城台西遗址由同属商代中期的早、晚两期居住遗存

---

　　①　中国社会科学院考古研究所二里头工作队：《偃师二里头遗址
1980—1981年Ⅲ区发掘简报》，《考古》1984年第7期。

构成。F18是一座东西向半地穴式房屋，属于早期遗存，全长5米、宽1.6米，在北壁中部偏东处有半堵高0.3米、宽0.65米的矮墙，将房屋分成东西两室：东室长2米，其西半部有两口灶，西北角的灶近似三角形，旁边置有一个陶鬲，其南的另一口灶为圆形，较小。西室长2.3米，其西南角靠墙角有一个马蹄形灰坑，内有一些陶、石器和残蚌器，显然是储藏用的窖穴。门道开在房子的南边，长1.6米、宽0.55米。在房间和门道之间，由一条长0.45米、宽0.5米的过道连接。在过道的拐角处留有一个凹进去的半圆缺口，可能是安装门轴用的。从屋内外散落的草泥看，屋顶原来是用草泥涂抹的。F2在晚期居址中较为典型。它是一座长方形、南北向的双室建筑，南北长10.35米，东西宽3.8米，中间有一道隔墙将　房分为二室：北室是一间厦子式建筑，内长4.35米，宽3.25米，无东墙，西墙的门开在偏南的位置上；南室稍小于北室，门开在东墙偏南位置上。F4的形制虽然也是平面长方形的两间式建筑，但其内部结构却与F2有别。房子东西全长12.25米，南北宽4米，有中间一道隔墙。东室较小，内长4.20米，宽2.75米，在南墙稍偏东处开一小门。西室实际上是一明一暗两套间：外间在西侧，长6.25米，宽与东室同，门开在北墙偏东处，门道宽0.6米；暗间居东侧，内长1.7米，中间隔墙厚0.6米，有门道与明间通连，宽仅0.4米。所以，F4虽然仍

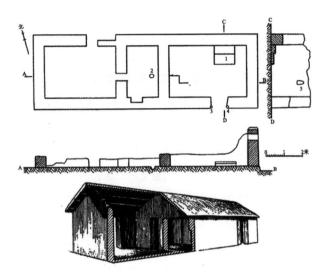

图13 河北藁城台西商代遗址F4平面、剖面及复原示意图

（采自河北省文物研究所：《藁城台西商代遗址》，北京：文物出版社，1985年，第15-21页）

是双室，但在实际上的功能分划上，已是三间（图13）。[①]虽然F2、F4等晚期房屋的面积普遍较F18等早期房屋要大，内部格局也各有不同，但其总体的变化趋势，则是一致的，即在双室的基本格局下，内部功能分划逐步复杂化。

河南商丘柘城孟庄商代前期遗址F1、F2、F3 是一组建于

---

① 河北省文物研究所编：《藁城台西商代遗址》，北京：文物出版社，1985年，第15-21页。

夯土台基上的房屋，三间房屋紧密相连。其中，F2居中，为东西长方形，面积约18.48平方米，房门开在南墙偏东，门道内宽0.7米，外窄0.4米，门口用草泥筑一道半圆形土坎。房内东南角有一个长方形灶坑，南北长0.8米，东西宽0.6米。F3 平面近方形，面积约6.5平方米，房门开在南边偏西，房内发现上下两层被烧成红色的地面，没有发现灶坑。F1 亦近方形，面积约7.45平方米，房门开在南边偏东，门道宽约0.5米，房内也没有发现灶坑。三间房屋之间虽无内门沟通，但只有F2中置有灶坑，说明三间房屋的居住者应当属于同一生活单位（**家庭**）。F2面积大，中有灶坑，门道也较宽，应当是正房（**堂**）；F1与F3 的面积较小，近方形，当属于"内"。从考古工作者绘制的复原图上（图14），可以清楚地看山，这栋房屋，已具备所谓"各有户"的"一堂二内"（"一宇二内""一明二暗"）住屋格局。①

综上可知："一堂二内"及院落布局的居住形式，当起源于生活单位（**家庭**）的扩大、生活空间的功能分划，以及生活单位内部的性别与代际分化，其源头当可上溯至新石器时代中晚期出现的内部互通的双室或多室住屋，以及散布于住屋周围的灶、井等生活设施；经过漫长的、缓慢曲折的演变，到二

① 中国社会科学院考古研究所河南一队：《河南柘城孟庄商代遗址》，《考古学报》1982年第1期。

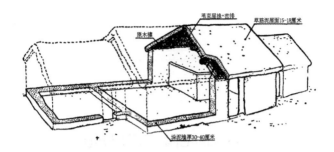

图14 河南商丘柘城孟庄商代前期遗址F1、F2、F3复原透视图

（采自中国社会科学院考古研究所河南一队：《河南柘城孟庄商代遗址》，《考古学报》1982年第1期）

里头时期及商代中期，不同地区都相继形成了与后世"一堂二内"（"一宇二内""一明二暗"）格局大致相仿的住屋形式。二里头遗址三区的F1房址、商丘柘城孟庄商代前期遗址F1、F2、F3，可以看作为较为典型的早期"一堂二内"住屋。

需要说明的是，"一堂二内"式住屋的出现，并不意味着此种住屋形式即已普遍化。实际上，单室与双室住屋仍然占据主导地位，拥有三间住屋的生活单位（家庭）并不普遍。由今见材料看，在西周至春秋战国时期，庶民（庶人、平民）的住屋，仍当以单室和双室为主，"一堂二内"式的三间住屋并不多见。①

---

① 关于周代普通平民的居住情况，请参阅许倬云：《西周史》（增补本），北京：生活·读书·新知三联书店，2001年，第254-265页。

三、汉代的宅园、室屋与庭院

张家山汉墓竹简《二年律令》"户律"对不同身份的人户（从彻侯、关内侯、大庶长到庶人、司寇、隐官）占有田地、宅地的限额作了明确的规定，即所谓"名田宅"制度。其中规定公卒、士伍、庶人各可"名"田一顷、一宅，司寇、隐官半之（五十亩、半宅），公士一顷半顷、一宅半宅，上造、簪裹、不更、大夫依次各增一顷、一宅。律令还规定了"宅"的标准，"宅之大方三十步"。[①]一座宅九百平方步，其时盖以百步为亩，则相当于九亩。每步六尺，秦与西汉尺大致

---

① 张家山二四七号汉墓竹简整理小组编著：《张家山汉墓竹简（二四七号墓）》（释文修订本），北京：文物出版社，2006年，第52页，简310-316；彭浩、陈伟、工藤元男主编：《二年律令与奏谳书——张家山二四七号汉墓出土法律文献释读》，上海：上海古籍出版社，2007年，第216-218页。

相当于今0.231米，则方二十步（**九亩**）约合今1729平方米。①

《商君书·境内》说："能得甲首一者，赏爵一级，益田一顷，益宅九亩。"②一顷田（**一百亩**）、九亩宅，大概是秦国授与庶人（**一户**）田宅的基数。在此标准上，爵位每增加一级，即增授一个基数的田宅。当然，这是可授田之数，并非每户人家都可以得到其应得的田宅。据上引《二年律令》，知汉初法律规定的庶人占有田宅的基数与秦一脉相承，也是一顷田、九亩宅。

这是西汉初年的情形。至武帝以后，改以二百四十步为亩；改制前的九亩，约相当于改制后的3.75亩。故文献中或称为"三亩之宅"。《淮南子·原道训》："故任一人之能，不足以治三亩之宅也。"③三亩是720平方步，约相当于今1383平方米，宅的面积，相对于汉初，是缩小了。但"三亩之宅"的说法或只是笼统言之。《太平御览》卷八二一《资产部》一"田"引华峤《后汉书》："范迁为司徒，在公辅，有宅数亩，田不过一顷，推与兄子。"④宅数亩、田一顷，盖为汉时

---

① 参阅杨振红：《秦汉"名田宅制"说——从张家山汉简看战国秦汉的土地制度》，《中国史研究》2003年第3期。

② 高亨：《商君书注译》，北京：中华书局，1974年，第152页。

③ 刘文典：《淮南鸿烈集解》卷一《原道训》，北京：中华书局，1989年，第15页。

④ 《太平御览》卷八二一《资产部》一"田"，北京：中华书局，1960年，第3656页。

平民之家的田宅，故华峤以之表彰范迁之廉正。而许慎《说文解字》释"廛"，谓："一亩半，一家之居，从广、里、八、土。"①一亩半（约合今691平方米），则当为"半宅"，盖为司寇、隐官之家所居。

《二年律令》"户律"列举诸种应当上交县廷的诸种籍帐，有"民宅园户籍、年细籍，田比地籍、田合籍、田租籍"等。②所谓"宅园户籍"，即指登记每户人家的宅、园的籍帐；民宅园"年细籍"则当指各乡里所领民户当年的宅、园登记籍帐。园与宅并列，一同登记在籍帐中，说明其性质相近。《汉书·翟方进传》记汉成帝下诏责方进，谓方进"奏请一切增赋，税城郭埞及园田，过更，算马牛羊，增益盐铁，变更无常"。③"埞"是城郭旁地；则"园田"当是指宅旁的园地。盖埞与园田本不当纳税，翟方进以用度不足而税之，故诏书责之。据此，园与宅当被视为一体，上引张家山汉简所说的九亩之宅、《淮南子·原道训》所说的三亩之宅及《说文解字》所说的一亩半一家之居，大约皆包括园在内，绝不能理解为宅舍

<hr />

① 许慎：《说文解字》，广部，第192页。

② 张家山二四七号汉墓竹简整理小组编著：《张家山汉墓竹简（二四七号墓）》（释文修订本），第54页，简331-336；彭浩、陈伟、工藤元男主编：《二年律令与奏谳书——张家山二四七号汉墓出土法律文献释读》，第223页。

③ 《汉书》卷八四《翟方进传》，北京：中华书局，1962年，第3423页。

本身就有九亩（汉初）、三亩或一亩半大。

园一般置于宅舍的前面或后面。仲长统《昌言》上《阙题》有云：

> 使居有良田广宅，背山临流，沟池环匝，竹木周布，场圃筑前，果园树后。舟车足以代步涉之难，使令足以息四体之役。养亲有兼珍之膳，妻孥无苦身之劳。良朋萃止，则陈酒肴以娱之；嘉时吉日，则烹羔豚以奉之。蹰躇畦苑，游戏平林，濯清水，追凉风，钓游鲤，弋高鸿。讽于舞雩之下，咏归高堂之上。安神闺房，思老氏之玄虚；呼吸精和，求至人之仿佛。与达者数子，论道讲书，俯仰二仪，错综人物。弹《南风》之雅操，发清商之妙曲。逍遥一世之上，睥睨天地之间。不受当时之责，永保性命之期。[①]

这是东汉名士的理想生活：宅院广大，背山临水，四周环以沟池，树以竹木；宅中有高堂可以吟咏，有闺房（当即"内"或"大内"）可以安神；堂前有庭，可以待宾客；宅前则有场圃，宅后则有果园。平民之家当然无从相比，但宅舍

---

① 仲长统：《昌言》附篇一，见崔寔、仲长统撰，孙启治校注：《政论校注 昌言校注》，北京：中华书局，2012年，第401页。

前后亦当有场、园。《论衡·儒增》驳儒书所言"董仲舒读《春秋》，专精一思，志不在他，三年不窥园菜"，谓："仲舒虽精，亦时解休，解休之间，犹宜游于门庭之侧，（则）能至门庭，何嫌不窥园菜？"[①]则知园在门庭之外：园最在外，然后入门，然后至庭，庭后方是舍屋，而门内则构成宅。

"舍室"乃是宅的核心构成，也是其主体建筑。《二年律令》"户律"规定："欲益买宅，不比其宅者，勿许。为吏及宦皇帝，得买舍室。"[②]则知"舍室"与"宅"并不相等。整理小组释"舍室"为居室，杨振红先生认为舍室当指"市中的住宅"。盖"宅"主要指宅地，而"舍室"主要指房屋。"为吏及宦皇帝，得买舍室"，是指"为吏及宦皇帝"可以买房屋，但不能买"宅"。又，《二年律令》"贼律"谓："贼燔寺舍、民室屋庐舍、积冣（聚），黥为城旦舂。"[③]"民室屋庐舍"与"寺舍""积聚"并列，当指"民"的住屋。庐舍，《汉书·食货志》"余二十亩以为庐舍"句下颜师古注："庐，田中屋

---

① 黄晖：《论衡校释》卷八《儒增》，北京：中华书局，1990年，第374页。

② 张家山二四七号汉墓竹简整理小组编著：《张家山汉墓竹简（二四七号墓）》（释文修订本），第53页，简320；彭浩、陈伟、工藤元男主编：《二年律令与奏谳书——张家山二四七号汉墓出土法律文献释读》，第220页。

③ 张家山二四七号汉墓竹简整理小组编著：《张家山汉墓竹简（二四七号墓）》（释文修订本），第8页，简5；彭浩、陈伟、工藤元男主编：《二年律令与奏谳书——张家山二四七号汉墓出土法律文献释读》，第91页。

也。"① 睡虎地秦墓竹简《秦律十八种》田律规定："百姓居田舍者毋敢酤（酤）酉（酒），田啬夫、部佐谨禁御之，有不从令者有罪。"② "田舍"当即田中之"舍"。"舍"与"庐""田"联称，居于田野之中，其形态多为草庐，是田中的茅棚草屋。又《释名》释"室"作"实也，人、物实满其中也"；释"屋"，谓："奥也，其中温奥也。"③ 则知"室屋"乃是正式的居所，人与生活物资均处于其中，温暖安全。然则，室屋居于"宅"地之上。因此，"宅"乃是指一块大约三亩的地，四周围以垣，称为"宅园"（宅院、宅垣）；"室屋"建于宅地上（宅园内），是常居之所；"舍"（"庐舍"）处于田地中，是农忙时休憩之所。

"室屋"，仍当以"一堂二内"（"一宇二内"）为标准。从出土的汉代陶屋看，当时的房屋，大抵以"一堂二内"最为普遍（图15、16）。文帝时，晁错建议募民徙边以备塞，官府在边塞地区"营邑立城，制里割宅，通田作之道，正阡陌之界。先为筑室，家有一堂二内，门户之闭，置器物焉，民至有所居，作有所用，此民所以轻去故乡而劝之新邑也。为

---

① 《汉书》卷二四《食货志》上，第1119页。
② 睡虎地秦墓竹简整理小组：《睡虎地秦墓竹简》（精装本），《释文 注释》，第22页；陈伟主编：《秦简牍合集》[壹]上，第50页。
③ 刘熙撰，毕沅疏证，王先谦补：《释名疏证补》卷五《释宫室》，第180-181页。

置医巫，以救疾病，以修祭礼，男女有昏，生死相恤，坟墓相从，种树畜长，室屋完安，此所以使民乐其处而有长居之心也。"[①] "制里割宅"，是说按照标准划分居住区，分割出"宅地"，宅地的标准，也应当是《二年律令》所规定的九亩（九百平方步）。"先为筑室"，谓在募民到达边地之前，即预先建好房屋。所建房屋的标准就是"一堂二内"。晁错在下文说徙居边塞的募民在这里"种树畜长，室屋完安"，树与畜皆当种、长于院中，故与"室屋"一起，成为吸引募民长居的因素之一。所以，由官府规划的边塞民居，也是有院落的。重庆市奉节县白帝镇白帝庙考古陈列室陈列的一件东汉陶屋，形制虽甚为简陋，但其基本结构当是一堂二内，仍然鲜明地表现出来（图15）。长沙出土的汉代明器陶屋，堂置丁前，两个内室处于后面，是"一堂二内"的另一种分布格局（图16）。

"一堂二内"的总面积，大约也只在二三十平方米。《论衡·别通篇》说："富人之宅，以一丈之地为内，内中所有，柙匮所赢（赢），缣布丝绵也。贫人之宅，亦以一丈为内，内中空虚，徒四壁立，故名曰贫。"[②] 则无论富人抑贫人，其"内"皆大抵方一丈，大约相当于5.34平方米。这是极端言之

---

① 《汉书》卷四九《晁错传》，第2288页。
② 黄晖：《论衡校释》卷十三《别通篇》，北京：中华书局，1990年，第590页。

图15　东汉陶屋（重庆市奉节县白帝镇白帝庙考古陈列）

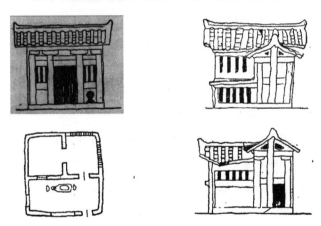

图16　长沙出土的汉代明器陶屋（正面、背面、平面、侧面）

（采自刘敦桢：《中国住宅概说》，《建筑学报》1956年第4期，第25页）

的室内面积。其时成年男性的平均身高约为七尺，内室长宽仅一丈，确然狭促。然王充既称富户贫家皆以一丈为"内"，盖其长宽不会过一丈五尺（**室内面积约12平方米**）。"堂"的面积应当比"内"大一些。据此估算，汉代"一堂二内"的房内面积，大致在十七八平方米至三十四五平方米之间，或者以20平方米-30平方米为常见。

一堂二内的布局，有两种类型：一是堂居中，两旁各有一内；二是堂居前，二内居后，即所谓前堂后寝（**图17**）。长沙出土汉代明器的陶屋，主体建筑的平面格局，应当是后者，即堂居前，其后分为两个内室。河南内黄三杨庄汉代聚落遗址二号庭院中主体建筑的平面布局，则是前者，即三开间的平面，分布均匀，每间面阔18尺（**约为4.14米**）。其室内南北净距约4.1米，含南北墙约4.6米，则单室室内面积约17平方米，三间主房建筑面积合计约57平方米（**图18**）。

汉代的字书为我们认识汉代的住宅及其建筑、布局提供了一些线索。《说文》释"垣"，谓："墙也。从土，亘声。"[1]释"墙"，作："垣蔽也，从啬，爿声。"[2]是"垣""墙"皆由土堆筑或夯筑而成。《释名》谓："垣，援也，人所依阻，以为援卫也。""墙，障也，

---

① 许慎：《说文解字》，土部，第287页。
② 许慎：《说文解字》，啬部，第111页。

64

所以自障蔽也。"除垣、牆外,其"释宫室"目下又有
"墉""篱""栅"三字,其中,"墉,容也,所以蔽隐形容
也";"篱,离也,以柴竹作之,疏离离然也。青、徐曰棝。
棝,居也,居于中也";"栅,蹟也,以木作之,上平蹟然

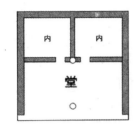 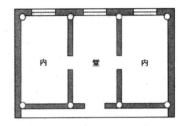

图17 "一堂二内"的两种平面形式示意图

图18 河南内黄三杨庄汉代聚落遗址二号庭院主房建筑复原南立面图

(采自林源、崔兆瑞:《河南内黄三杨庄二号汉代庭院建筑遗址
研究与复原探讨》,《建筑史》2014年第2期,第9页)

也"。①居于"篱"（"椐"）中，则篱（椐）围绕在室屋周边。垣、墙、墉是用土堆筑的围墙，而篱、栅则分别是用竹、木作的围障，其功能都是用于保卫其内的室屋财产。

《释名》"释宫室"目下有"罘罳"二字，释曰："在门外。罘，复也。罳，思也。臣将入请事，于此复重思之也。"又有"屏"，谓："自障屏也。萧廧，在门内。萧，肃也，臣将入，于此自肃敬处也。"②则"屏"当是"萧廧"与"罘罳"的总称，"萧廧"在门内，"罘罳"在门外，都是用于遮挡视线的墙壁。而由《释名》的解释看，"屏"（"罘罳"与"萧廧"）盖为大户人家所用，平民小户之家则未必有。

"门"，《说文》谓："闻也，从二户，象形。"③《释名》谓："扪也，在外为人所扪摸也。""门"字象形，其本义并非扪摸，但门在院外、行人可以扪摸，却是正确的。门两旁则有"阙"。《说文》："阙，门观也。"④《释名》说："阙，阙也，在门两旁，中央阙然为道也。"⑤则"阙"本是

---

① 刘熙撰，毕沅疏证，王先谦补：《释名疏证补》卷五《释宫室》，第186－187页。

② 刘熙撰，毕沅疏证，王先谦补：《释名疏证补》卷五《释宫室》，第188－190页。

③ 许慎：《说文解字》，门部，第247页。

④ 许慎：《说文解字》，门部，第248页。

⑤ 刘熙撰，毕沅疏证，王先谦补：《释名疏证补》卷五《释宫室》，第189－190页。

门两旁用以固定或标识"门"的柱墩。盖平民之家不多用"掘门"，即在土垣上挖一个洞窟，后来，在门两旁以砖石立起柱墩，就成为"阙"。故以为阙在门前，并不与垣墙相连，恐未必确；即或有之，亦当是宫室、祠庙与邸第之制。

由门进入院内，门与"堂"的"户"相通的路称为"陈"。《释名》："陈，堂涂也。言宾主相迎陈列之处也。"所谓"堂涂"，当即入堂之途。"堂"是主屋。《释名》说："堂，犹堂堂，高显貌也。"盖"堂"较为高大而宽敞。有的"堂"规模宏大，且独立成栋，得称为"庑"。《说文》："庑，堂下周屋，从广，无声。"[1]则"庑"本是指堂下向前延伸出来的屋檐，与"宇"的本义大致相同。《释名》则称："大屋曰庑。庑，幠也。幠，覆也，并、冀人谓之庌。庌，正也，屋之正大者也。"[2]然则，"庑"就是正屋，也就是"堂"。"庑"盖四周都有檐，并不与两旁的"室"直接相联，是独立成栋的大屋。

堂两旁的房屋，称为"夹室"。《释名》说："夹室，在堂两头，故曰夹也。"又说："房，旁也。室之两旁也。"[3]

---

① 许慎：《说文解字》，广部，第192页。

② 刘熙撰，毕沅疏证，王先谦补：《释名疏证补》卷五《释宫室》，第191页。

③ 刘熙撰，毕沅疏证，王先谦补：《释名疏证补》卷五《释宫室》，第188-189页。

"夹室"即在"堂"的两旁，"房"又在"室"的两旁，则构成一堂二室二房的格局，总共是五间屋；若只有两个夹室，则是一堂二室，共三间屋。

房屋的构件，则有梁、柱、隐、桷、楣、楣、梲儒、栭、奊、栌、斗、筳、甍、壁、户、窗等。根据《释名》的解释，柱，"住也"，是房屋的立柱。梁，"强梁也"，当是指房屋的大梁（**以东西向房屋为例，梁当为南北向**）。栭，"在梁上，两头相触栭也"。当是在梁上架起的两根木，其一头置梁上，一头相接，与梁构成三角形屋架。为了支撑、加固梁、栭构成的三角架，在梁、栭之间设有"梲儒"。《释名》说："梲儒，梁上短柱也。梲儒犹侏儒，短，故以名之也。"《尔雅》："梁上楹谓之梲。""梲"就是"梲儒"。两个梁–栭三角架的横木（**东西向**），则曰"楣"，屋顶正中央的那根"楣"，则称为"栋"。《释名》谓："楣，隐也，所以隐桷也。或谓之望，言高可望也。或谓之栋。栋，中也。居屋之中也。"又说："桷，确也。其形细而疏确也。或谓之椽。椽，传也。相传次而布列也。或谓之榱，在楣旁下列，衰衰然垂也。"[①]《说文》说："榱，秦名为屋椽，周谓之榱，齐鲁谓

---

① 刘熙撰，毕沅疏证，王先谦补：《释名疏证补》卷五《释宫室》，第184页。

之桷。"[1]"檩"的功能是使"桷"（椽）稳固，故当不止一根；屋顶中央的那根"檩"当最为粗大，称为"栋"。"椽"沿着屋坡铺陈，与一边的"梧"相平行，而与"栋""檩"相垂直。屋椽向外伸，在其外端，则用"梠"相连（或者说"椽"的外端搭在"梠"上）。《释名》说："梠，旅也，连旅之也。或谓之櫋。櫋，緜也，緜连棳头，使齐平也。上入曰爵头，形似爵头也。"[2]《说文》："梠，楣也。""楣，秦名屋櫋联也，齐谓之檐，楚谓之梠。"[3]则梠、櫋、楣、檐，乃是屋檐的不同称谓。在"椽"之上，则覆以"笮"。《说文》："笮，迫也，在瓦之下，棼上，从竹，乍声。"[4]《释名》："笮，迮也。编竹相连迫迮也。"则"笮"覆于"椽"上，其上再覆以瓦或草。《释名》说："屋脊曰甍。甍，蒙也，在上覆蒙屋也。"又曰："屋以草盖曰茨。茨，次也，次比草为之也。"[5]《说文》也说："茨，以茅苇盖屋，从艸，次声。"[6]则屋顶或用瓦盖，或用草覆，或屋脊用瓦，

---

① 许慎：《说文解字》，木部，第120页。
② 刘熙撰，毕沅疏证，王先谦补：《释名疏证补》卷五《释宫室》，第184页。
③ 许慎：《说文解字》，木部，第120页。
④ 许慎：《说文解字》，竹部，第96页。
⑤ 刘熙撰，毕沅疏证，王先谦补：《释名疏证补》卷五《释宫室》，第186页。
⑥ 许慎：《说文解字》，艸部，第24页。

而屋顶其余部分则用草覆。

房屋的立柱之间，是"壁"。《释名》："壁，辟也，所以辟御风寒也。"[①]"户"与"牖"皆开于"壁"上。《说文》："户，护也。半门曰户，象形。"[②]《释名》："户，护也，所以谨护闭塞也。""牖，聪也，于内窥外，为聪明也。"[③]是"户"可出入，而"牖"则仅供透光与由内窥外。

在房屋之外，院落内的附属设施，则有灶、爨、井、仓、库、厩、廪、囷、庾、囤、圂、厕等。《释名》："灶，造也，创造食物也。""爨，铨也，铨度甘辛调和之处也。"[④]爨与灶当在一起，共同构成厨房。《说文》有"庖""厨"二字，都是指厨房。[⑤]井，《释名》说："清也，泉之清洁者也。井一有水，一无水，曰澌、汋。澌，竭也。汋，有水声，汋汋也。"[⑥]盖有水之井称"汋"，无水之井称"澌"。仓、库、廪、囷、庾、囤、圂则都是储物之所。《说文》释

　　① 刘熙撰，毕沅疏证，王先谦补：《释名疏证补》卷五《释宫室》，第186页。
　　② 许慎：《说文解字》，户部，第247页。
　　③ 刘熙撰，毕沅疏证，王先谦补：《释名疏证补》卷五《释宫室》，第191页。
　　④ 刘熙撰，毕沅疏证，王先谦补：《释名疏证补》卷五《释宫室》，第192页。
　　⑤ 许慎：《说文解字》，广部，第192页。
　　⑥ 刘熙撰，毕沅疏证，王先谦补：《释名疏证补》卷五《释宫室》，第192页。

"仓"，谓"谷藏也"。《释名》说："仓，藏也，藏谷物也。"则知"仓"主要存放谷物、粮食。库，《说文》释为"兵车藏也，从车，在广下"。[1] 盖当指官府与"君子"的"库"。《释名》说："舍也，物所在之舍也，故齐鲁谓库曰舍也。"[2] 则"库"存放各种物品，主要是各种生产生活工具或用品。"廥，矜也，实物可矜惜者，投之于其中也。"[3] 则"廥"用于放置较为贵重的衣物、器具等物。"囷"，按照《说文》的解释，与廥功能一致，是圆形的（廥为方形）（"囷，廥之圜者，从禾，在囗中。圜谓之囷，方谓之京。"）；《释名》则说："绻也。藏物缱绻束缚之也。"[4] 囷字从禾，盖将禾卷束置于其中，故当以《释名》所说为是。庾、囤、圌则是露天的存物之所。《说文》释"庾"，其第二义曰"仓无屋者"；《释名》谓："裕也，言盈裕也，露积之言也。盈裕不可胜受，所以露积之也。"[5] 则"庾"是堆放谷

---

① 许慎：《说文解字》，广部，第192页。
② 刘熙撰，毕沅疏证，王先谦补：《释名疏证补》卷五《释宫室》，第192页。
③ 刘熙撰，毕沅疏证，王先谦补：《释名疏证补》卷五《释宫室》，第193页。
④ 许慎：《说文解字》，囗部，第129页；刘熙撰，毕沅疏证，王先谦补：《释名疏证补》卷五《释宫室》，第193页。
⑤ 许慎：《说文解字》，广部，第192页；刘熙撰，毕沅疏证，王先谦补：《释名疏证补》卷五《释宫室》，第193页。

物之类的露天场所。"囷",《说文》谓:"廪也,从竹,屯声。"而"廪,以判竹,圜以盛谷也,从竹,耑声。"而《释名》谓:"囷,屯也,屯聚之也。""圌,以草作之,圌圌然也。"[1]则"囷""圌"("廪")都当是用竹编或草编的席子堆放谷物。

"厩""圂"与"厕"也当置于院落中或其附近。《说文》释"厩",谓:"马舍也,从广,既声。"《释名》则谓:"厩,勼也;勼,聚也。牛马之所聚也。"[2]则厩的本义是马圈,后来扩展为牛马圈。"厕",《说文》释为"清也",不明所指。《释名》所言,则甚为详悉:"杂也。言人杂厕其上,非一也。或曰溷,言溷浊也。或曰圊,言至秽之处,宜常修治,使洁清也。或口轩,前有伏,似殿轩也。"[3]则《说文》所说之"清",当解作"圊"。又《说文》释"圂",谓:"厕也,从口,象豕在口中也,会意。"[4]然则,"圂"的本义是指猪圈,而"厕"与"圂"本在一起,人在猪圈之上或旁解大小便,故

① 刘熙撰,毕沅疏证,王先谦补:《释名疏证补》卷五《释宫室》,第193页。
② 许慎:《说文解字》,广部,第192页;刘熙撰,毕沅疏证,王先谦补:《释名疏证补》卷五《释宫室》,第192–193页。
③ 许慎:《说文解字》,广部,第192页;刘熙撰,毕沅疏证,王先谦补:《释名疏证补》卷五《释宫室》,第193–194页。
④ 许慎:《说文解字》,口部,第129页。

《释名》说"人杂厕其上"（"杂"当释作"集"[1]）。又，扬雄《方言》释"苙"，谓"圂也"。[2]苙，即蘭。盖圂多用草覆其顶。

崔寔《四民月令》说三月"农事尚闲，可利沟渎，葺治墙屋，以待雨；缮修门户，警设守备，以御春饥草窃之寇"。[3]葺治墙屋以待风雨，缮修门户以防草寇，是农民春闲时的要事。至九月，"治场圃，涂囷仓，修窦窖。缮五兵，习战射，以备寒冻穷厄之寇"。十月，"培筑垣、墙、塞向、墐户。趣纳禾稼，毋或在野，可收芜菁，藏瓜"。[4]据此，汉时普通民户，大抵皆当有场、圃、囷、仓、窦（*沟渎*）、窖、垣、墙、向（*"北出牖也"，即北面的窗户*）、户。

汉代墓葬出土的明器陶屋模型很多，大都属于东汉时期，也大都有院落。河南陕县刘家渠8号东汉墓所出小型陶院落，平面呈长方形，前后二进平房。大门在前一栋房的右侧，穿房而过，进入当中的小院。院后部为正房，房内以"隔山"分成前、后两部分，应为一堂一室。院之左侧为矮墙，右侧为一面

① 华学诚：《扬雄方言校释汇证》卷三，北京：中华书局，2006年，第215页。

② 华学诚：《扬雄方言校释汇证》卷三，第246页。

③ 崔寔撰，石声汉校注：《四民月令校注》，北京：中华书局，2013年，第29页。

④ 崔寔撰，石声汉校注：《四民月令校注》，第65、67页。

坡顶的侧屋，当是厨房。这一院落大约接近汉代一般民居的布局（图19）。^①

图19　河南陕县刘家渠8号东汉墓所出陶院落模型（王克陵绘）

刘敦桢先生将汉代的小型住宅区分为三种式样：一是平面方形或长方形的单层房屋，门设于房屋中央或偏于左右，屋顶多半采用悬山式；二是面积稍大的曲尺形平面的住宅，在曲尺形房屋相对的二面绕以墙垣，构成小院落；三是前后两排平行房屋组合而成的住宅，并在左右两侧用围墙将前后房屋联系起来。这些小型住宅，皆当为普通民户的住宅。刘先生所概括的中型住宅和大型住宅，则大抵属于富贵人家。刘先生列举了四

————————
　　① 孙机：《汉代物质文化资料图说》，北京：文物出版社，1991年，第190页。

川出土画像砖石所见的中型住宅（图20），明确指出："它

图20　四川成都羊子山出土的汉画像砖

（采自刘敦桢：《中国住宅概说》，《建筑学报》1956年第4
期，第26页）

的规模和生活方式——如扫地的仆人与院中双鹤对舞等等——
很鲜明地表示为经济富裕的官僚地主或商人的住宅。"至于山
东嘉祥县武梁祠画像石上所见的四注式重楼，左右两侧配以阁
道，与记载中描写的贵族宅第"高廊阁道连属相望"大体相符
合，距离普通民户的住宅则非常遥远。[①]汉代特别是东汉时期

---

① 刘敦桢：《中国住宅概说》，《建筑学报》1956年第4期，第1-53
页，引文见第6-7页。

墓葬中出土了很多陶制大中型院落模型，[①]画像砖石中也颇见有大中型院落的描绘，[②]论者或据此讨论汉代民居。[③]事实上，明器中的陶院落与画像砖石描绘的院落图景，固然与现实中的院落有着密切联系，但主要是一种理想设计，反映的实际上是人们对居住条件的美好想象（如图20），与历史现实中普通民户所居住的住宅相距甚远；有的明器陶院落和画像砖石上的院落图，很可能是根据宫庙建筑格局而制作或描画的，并不是民居。[④]因此，根据汉代明器中的陶院落模型和画像砖石所绘

---

① 如河南淮阳于庄西汉前期墓所出陶院落模型，前面是大门及围墙，经过第二进门便是中庭，其后坐落一栋重檐结构的主体建筑，前堂后室，堂室之间有隔墙，以门相通。从中庭经过主体建筑旁的短墙。最内靠北墙的是猪圈、厨房和厕所。这种三进院落大约是中等富裕人家的住宅。周门地区文化局文物科等：《淮阳于庄汉墓发掘简报》，《中原文物》1983年第1期。

② 如山东沂南北寨村东汉墓出土画像石上所刻的"日"字型院落，前有双阙，其内有一个广场，前面两进门之间夹一庭院，第二进门之后是中庭，穿过中庭是主体建筑（前堂后室），室后为厕所。这种堂室共同构成主体建筑、前堂后室的格局，更可能是宫庙建筑。曾昭燏、蒋宝庚、黎忠义：《沂南古画像石墓发掘报告》，拓片第三十六幅，北京：文化部文物管理局，1956年，第59页。

③ 参阅孙机：《汉代物质文化资料图说（增订本）》，上海：上海古籍出版社，2008年，第223—225页；王芳：《汉代北方农耕地区普通民宅初探》，《周口师范学院学报》2012年第1期。

④ 北寨村东汉墓出土画像石上的"日"字型院落，主体建筑为前堂后室，堂室一体，或以为乃是民居"一堂二内"的繁华化。可是，这种格局，应当沿自先秦以来"前庙后寝"的宫庙格局，而不会是"一宇二内"的民居格局的演化。关于这一问题，我们还只有一些初步的认识，详细的论证尚俟诸将来。

的院落图景，研究汉代的民居，须持更为严谨慎重的态度。

考古材料为我们认识汉代的院落形态与布局提供了一些较为详细的线索。辽宁辽阳三道壕西汉村落遗址挖掘的6个居住址，实际上都是独立的宅院。各宅院互不相连，宅院间的距离在15米-30米，其间分布着砖窑和卵石路。每座宅院都向南或稍偏东、西开门，大都具备房屋、炉灶、土窖、水井、厕所土沟、木栏畜圈、垃圾堆等。以第三、四居住址为例。第三居住址东西宽34米，南北长约18米，是一个保存比较完整的居住址。其下层发现黄土房址一处，上有密布的瓦片、陶片和其他遗物。房址西端洼坑中有方形畜圈，用十二根木柱围成；其后有土沟一道，当是厕所便坑；畜圈右前方不远有土窖两个。房址西方不远处有土窖井两口。第四居住址东西宽约30米，南北长约16米，其下层建筑物存黄土平台的房址一处，台上分布有大量瓦片、陶片和碎石等。房址西端洼坑中有长6米上下的方形大畜圈，系用14根木柱围筑而成，南留圈门；畜圈后有一小灰坑，中有几块平石，应当是厕所。房址前右方（**当是院中**）有小土窖一座；后左方有大土窖一座，深2米多。居住址左前方有陶管井一眼（**图21**）。[①]

汉代河南县城遗址的东区，是一片居民居住区。考古工作

————————————

　　① 东北博物馆：《辽阳三道壕西汉村落遗址》，《考古学报》1957年第1期，第119-126页。

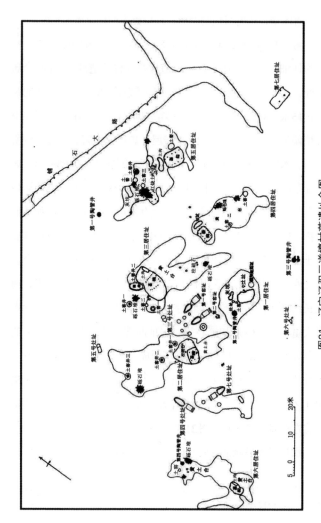

图21 辽宁辽阳三道壕村落遗址全图

（采自东北博物馆：《辽阳三道壕西汉村落遗址》，《考古学报》1957年第1期）

者曾发掘四处房基。其中314号房址为东西向，有三间房，一间为3.55米×3.9米，另外两间共5.2米×3.9米，三间合计约为34平方米。317号房址亦为东西向，三间，长宽为8米×4米；312号房址有二间，长宽各6.6米、3.5米。304号房址残存半间。房址出土的遗物大多为陶片，器物类型有甑、豆、盆、碗、缸、甕、盆、罐、洗、尖底汲瓶、长椭猪食槽等，又有铁制斧、锤、刀、锯、铲、镰、钩、钉、铺首、铁环、铅环等；在317号房址中出土石杵、石磨等，都是生活的用具。在317号房址西1米余有砖砌方仓一间，应当与317号房址属于同一个生活单位。方仓长3.44米、宽3.1米、深1.4米，北面有门，仓内存铁犁、铁锄、铁铲、铁锛、铁环、铁钩及石磨、石杵臼等生产工具和谷类加工工具，仓内还散布着西汉晚期五铢钱十枚。在同一居住区，还发现了砖砌圆囷八处，其口径在2.9米至3.6米之间。仓、囷均与住宅毗连，其中多放置工具、用具、粮食加工工具、货币等，显然是构成家屋的主要成分。[①]

河南内黄三杨庄汉代乡村聚落遗址的第一处宅院经过初步发掘，清理面积约400平方米。清理出的宅院建筑遗迹有宅院围墙、主房的瓦屋顶、墙体砖基础，坍塌的夯土墙、未使用的板瓦和筒瓦、灶、灰坑、拦泥池等，出土一些轮盘、盆、瓮等

---

① 郭宝钧：《洛阳西郊汉代居住遗址》，《考古通讯》1956年第1期。

陶器。考古工作者推测,整座宅院应当是一座二进的庭院,发掘部分是第二进院落的一部分,很可能是主房部分。推测主房应是一处坐西朝东的房屋,两开间。南边的开间已知宽度(含墙体)约4.5米;北边的开间宽度(含墙体)约5.7米,内部发现一处灶址(图22)。

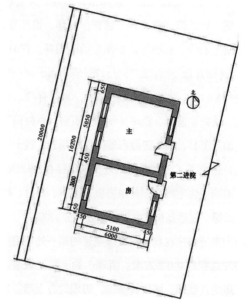

图22 河南内黄三杨庄汉代聚落遗址一号宅院主房平面复原想象图

(采用崔兆瑞、林源:《河南内黄三杨庄汉代乡村聚落遗址一、三、四号庭院建筑初步研究》,《建筑与文化》2014年第9期)

第二处宅院遗存在第一处宅院遗存之西约300米，规模明显较大，遗存总面积近2000平方米。其平面布局从南到北依次为：第一进院（**东西宽约12.65米，南北长约13.1米**）包括南墙及南大门（**宽约2.47米**）、东房（**坍塌瓦面南北9.5米，东西7米**）、西房（**坍塌瓦面南北7米，东西2.5米**），第二进院（**东西宽约16.1米，南北长约9.78米**）包括南墙、南门、西厢房（**面阔合19尺，进深约13尺半，约13.5平方米**）、正房（**三间，一堂二内格局，通面阔54尺，进深20尺，约56.8平方米，已见上文**）等。南大门外偏东南约5米处有一眼水井，水井与南大门间一条砖铺小道，还有一处纺织遗址。庭院外西北角有一处带瓦顶的厕所。在庭院内外，清理出石臼、石磨等。整个二号庭院建筑东西70尺（**南部东西55尺**）、南北通长101.5尺，由第一进院的东房、西房和第二进院的西厢房（**厨房**）、主房四座单体建筑及院外的厕所、水井等设施组成。第一进院是纵长的矩形平面，在东、西房以北还有东西51尺、南北21尺的宽敞的空场地，可以作为家庭劳动空间使用；第二进院则是横长的矩形平面，院子比较紧凑，空间显得较为私密（**图23**）。

第三处宅院揭露得较为完整，面积大致为30×30平方米，其平面布局从南到北依次为：第一进院南墙及南门、南厢房、东西两侧院墙，第二进院南墙、主房、院墙等。庭院东西墙外分别有

图23 河南内黄三杨庄汉代聚落遗址二号庭院复原模型

（采自林源、崔兆瑞：《河南内黄三杨庄二号汉代庭院建筑遗址研究与复原探讨》，《建筑史》2014年第2期）

一条水沟，南门外有水井一眼，庭院后附有一个小建筑遗存，推测是厕所。庭院后发现有两排树木残存遗迹，据判断，多为桑树和榆树。庭院外东、西、北三面紧邻农田，南面有一个小型活动场地，其外也是农田。三号宅院的第一进院只有一座厢房，庭院宽敞，可能是家庭内部的主要劳动场所；主房位于第二进院的西侧，坐西向东，两开间，并不是"一堂二内"的格局。从第二进院北墙上的后门出去，就到了院外，设有厕所（**图24**）。

第四处宅院在第三处宅院遗存东25米，中间是农田，没有明显的通道。其平面布局与第三处宅院大致相同，只是西侧没

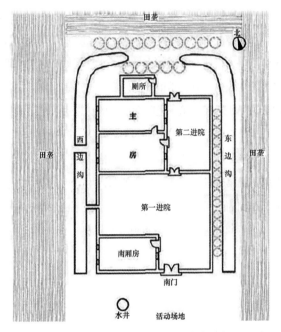

图24 河南内黄三杨庄汉代聚落遗址三号庭院建筑遗址平面复原图

（采自崔兆瑞、林源：《河南内黄三杨庄汉代乡村聚落遗址一、
三、四号庭院建筑初步研究》，《建筑与文化》2014年第9期）

有小沟，代之以一行南北向的树木。庭院后也有一处遗迹，也
推测为厕所。

　　这四座宅院的居民，大抵皆当为普通的编户齐民，只不过
第二处庭院的主人可能较为富裕而已。四处庭院建筑在平面布

局、结构与功能等方面均是一致的，都是封闭的两进庭院，占地面积也大致相同，约300平方米。均呈南北方向，大门开在南院墙上，大门前有宽敞的空场地，水井就设在这里。第一进院内房屋均较少，庭院都很开阔，应是进行家庭内部生产劳动及贮藏的场所。经由第一进院北墙上的二门进入第二进院，主房即位于第二进院。二号宅院的主房在第二进院的北部，坐北朝南，面阔三间，是"一堂二内"的格局；一、三、四号宅院的主房位于第二进院西部，坐西朝东，均是两开间。二号宅院在第二进院的西厢房位置是厨房。第二进院的北墙上均开有后门，经由后门可去位于院外的厕所。[①]显然，上述四所宅院，二号宅院所属的家庭较为富裕。

———————

　　①　河南省文物考古研究所、内黄县文物保护管理所：《河南内黄县三杨庄汉代庭院遗址》，《考古》2004年第7期；刘海旺：《首次发现的汉代农业闾里遗址——中国河南内黄三杨庄汉代聚落遗址初识》，《法国汉学》第11辑《考古发掘与历史复原》，北京：中华书局，2006年，第64–78页；刘海旺：《新发现的河南内黄三杨庄汉代遗址性质初探》，卜宪群、杨振红主编：《简帛研究·2006》，桂林：广西师范大学出版社，2008年，第293–301页；刘海旺、朱汝生：《河南内黄三杨庄汉代田宅遗存》，国家文物局主编：《2005中国重要考古发现》，北京：文物出版社，2006年，第100–104页；刘海旺：《三杨庄汉代聚落遗址考古新进展与新思考》，《中国史研究动态》2017年第3期；林源、崔兆瑞：《河南内黄三杨庄二号汉代庭院建筑遗址研究与复原探讨》，《建筑史》2014年第2期；崔兆瑞、林源：《河南内黄三杨庄汉代乡村聚落遗址一、三、四号庭院建筑初步研究》，《建筑与文化》2014年第9期。

四、魏晋南北朝时期的草屋与北朝园宅之给受

　　郭宝钧先生曾比较两汉时期河南县城普通民居房舍、水井、仓囷的建筑用材，指出西汉时多用夯土或泥抹篱墙，而东汉则多用砖砌。[①]刘敦桢先生概括说：洛阳西汉住宅的墙多半用夯土筑成，东汉住宅则用单砖镶砌墙的内侧，或在砖墙内夹用砖柱。砖在东汉时仍然是比较昂贵的材料，东汉时期首都的小型住宅才使用砖墙，其普及全国，应当更晚。同时，长沙出土的汉代明器，在墙面上刻划柱枋；四川出土明器，则饰以斗栱，表明南方一带盛行木架建筑。明器陶屋的屋顶虽然都表示为较大的板瓦或较小的筒瓦，但营城子出土的汉代明器的屋顶却是由夹草泥或谷秆、麦秸做成。[②]辽阳三道壕西汉村落遗址

---

　　① 郭宝钧：《洛阳西郊汉代居住遗址》，《考古通讯》1956年第1期。

　　② 刘敦桢：《中国住宅概说》，《建筑学报》1956年第4期，第6页。

发现了大量的瓦片，说明其房屋至少有一部分使用瓦覆顶。内黄三杨庄汉代聚落遗址的宅院房屋，也可信是瓦房。所以，大致说来，东汉时期，普通民房当已较多使用瓦覆顶，在河南县城等较为发达的中心地区，墙体抑或使用砖砌。

可是，到了魏晋南北朝时期，文献记载中，草屋似更为普遍。《晋书·孔愉传》说东晋咸康中（335-342），孔愉在会稽内史任上，"营山阴湖南侯山下数亩地为宅，草屋数间，便弃官居之。送资数百万，悉无所取"。[1]孔氏是会稽大族，在会稽城内另有豪宅。孔愉在侯山下所营宅屋乃是晚年静居之所，然数亩之宅、数间草屋，却应当是其时江南普通人家的标准宅屋。同书卷九二《文苑传》说罗含为荆州别驾，"以廨舍谊扰，于城西池小洲上立茅屋，伐木为材，织苇为席而居，布衣蔬食，晏如也"。[2]罗含的茅屋就在荆州城外，用木材构架而成，也是清修之所，但据此推测，荆州城外的普通民居，大抵皆当如是。《晋书·良吏传》说吴隐之居住在建康，"数亩小宅，篱垣仄陋，内外茅屋六间，不容妻子……清俭不革，每月初得禄，裁留身粮，其余悉分振亲族，家人绩纺以供朝夕。时有困绝，或并日而食，身恒布衣不完，妻子不沾寸禄"。[3]

---

① 《晋书》卷七八《孔愉传》，北京：中华书局，1974年，第2053页。
② 《晋书》卷九二《文苑传》，第2403页。
③ 《晋书》卷九〇《良吏传》，"吴隐之"，第2342页。

吴隐之在此前曾任广州刺史，后相继任度支尚书、太常、中领军要职，即使亲族众多，也非贫穷之家，其所居以竹篱围垣，"内外茅屋六间"（当是二进院，内、外院各有三间），此种宅院，很可能是其时建康中等人家较为普遍的住宅形式。《梁书·裴子野传》说齐梁时裴子野居于建康，"无宅，借官地二亩，起茅屋数间"，其住宅则更为简陋。①《宋书·后妃传》载宋明帝贵妃陈妙登，本是建康县屠家女，"家在建康县界，家贫，有草屋两三间"，明帝出行，见到陈家的草屋，问负责采访的尉司说："御道边那得此草屋，当由家贫。"赐钱三万，令起瓦屋。②由明帝之问，可知其时建康城内外当以瓦屋较为普遍，但贫家所居，仍以两三间草屋为常见。

在北方地区，草屋或更为普遍。《宋书》卷七六《王玄谟传》记元嘉二十七年（450），宋将王玄谟率军围攻滑台（在今河南滑县），"初围城，城内多茅屋，众求以火箭烧之，玄谟恐损亡军实，不从。城中即撤坏之，空地以为窟室"。③滑台城在当时的黄河南岸，控据河津，险固可恃，是著名的军事要镇。《水经注·河水》谓其城有三重，中有小城，谓之滑

---

① 《梁书》卷三〇《裴子野传》，北京：中华书局，1973年，第444页。
② 《宋书》卷四一《后妃传》，北京：中华书局，1974年，第1296页。
③ 《宋书》卷七六《王玄谟传》，第1974页。

台城。①《宋书·王玄谟传》所说"多茅屋"的"城"，当指大城。守军撤掉茅屋的覆顶，"空地以为窟室"，则城内房屋当多由夯土构成墙体，其部分墙体当处于地平面之下，故得称为"窟室"。

宁夏彭阳新集北魏前期墓葬出土两座土筑房屋模型：一座位于土圹前端，夯筑，简单粗糙，仅剔出略有倾斜、前低后高的瓦垄，长4.82米、宽1.28米，前高0.28米、后高0.4米。另一座位于土圹的后端，长4.84米、宽2.90米，底部呈斜坡形，最高处1.88米。其顶部为两面坡式，两坡各有13条瓦垄；正面中部为一双扇门，高0.58米、宽0.7米，门及门框皆涂朱红色。两边各有一扇直棂窗，每窗有四根窗棂。模型所反映的，应当是一栋"一堂二内"的房屋（**图25**）。据报告称：前者当系门楼模型，后者当是正屋；两模型之间为天井，构成一个完整的庭院。同墓还出土了陶仓4件，陶磨、陶碓、陶灶、陶井各1件，陶牛车2件，陶狗、陶鸡各2只，以及100余件陶俑。②

河南沁阳县所出东魏武定元年（543）道俗九十人造像碑（**现藏河南省博物院**）碑阴所刻佛本生故事画中，有两幅绘有房屋图像，其所绘的大门和主要建筑的屋顶都作四注式，大

---

① 郦道元注，杨守敬、熊会贞疏：《水经注疏》卷五《河水》，南京：江苏古籍出版社，1989年，第412页。

② 宁夏固原博物馆：《彭阳新集北魏墓》，《文物》1988年第9期。

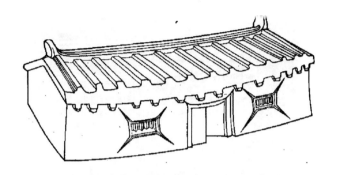

图25　宁夏彭阳新集北魏前期墓所出土筑房屋模型示意图

（采自宁夏固原博物馆：《彭阳新集北魏墓》，《文物》1988年
第9期）

门两旁缀以较低的木构回廊，门与回廊具有直棂窗与人字形补
间斗拱。大门与主要建筑并不位于同一中轴线上（图26）。其
所描绘的房屋建筑的基本架构、式样，在很大程度上反映了当
时北方地区住宅的情况。[①]

　　上引《晋书》说孔愉在会稽、吴隐之在建康的住宅占地均
为"数亩"，《梁书》所记裴子野在建康的住宅建在官地上，
占地二亩。《晋书·谢混传》说桓玄曾试图以谢安的住宅作为

　　① 刘敦桢：《河南省北部古建筑调查记》，北平：《中国营造学社汇
刊》，6（4），1937年；后收入氏著《刘敦桢文集》第二卷，北京：中国建筑工
业出版社，1984年，第332页。

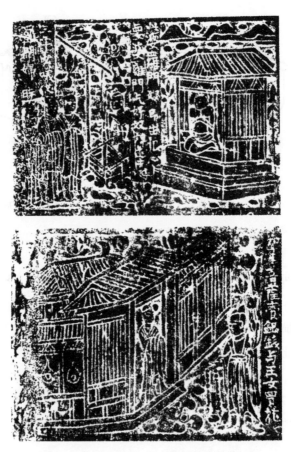

图26 武定元年道俗九十人造像碑碑阴所绘住宅

（采自《刘敦桢文集》第二卷，北京：中国建筑工业出版社，

1984年，第332页）

午营，谢混（谢安之抚）表示抗议，谓："召伯之仁，犹患及甘棠；文靖之德，更不保五亩之宅邪？"[1]谢安之宅当然非止五亩，谢混所言"五亩之宅"，盖为当时人观念中宅地应当占有的面积。《梁书》卷二一《张充传》录张充（出吴郡张氏）致王俭（出琅玡王氏）书，中谓："充所以长群鱼鸟，毕影松阿。半顷之田，足以输税；五亩之宅，树以桑麻。啸歌于川泽之间，讽味于渑池之上，泛滥于渔父之游，偃息于卜居之下。如此而已，充何谢焉。"[2]张充之宅亦不会止于五亩，田亦非止半顷，盖以时人观念言之而已。据此，大抵在魏晋南朝人观念中，一座宅院的占地面积，当以五亩为原则。魏晋南朝的一亩虽然仍为240平方步，然魏晋南朝的尺约合24.2厘米–24.7厘米，故五亩之宅，约为2530平方米–2636平方米，几乎是汉代三亩之宅（约合1383平方米）的两倍。换言之，魏晋南朝的宅院，至少在原则上，要比汉代大很多。《魏书·良吏传》说裴佗居河东解县，曾历任行河东郡事、河东邑中正、司州治中、赵郡太守、东荆州刺史等职，"清白任真，不事家产，宅不过三十步，又无田园"。[3]方三十步之宅，约当3.75

---

① 《晋书》卷七九《谢安传》附《谢混传》，第2079页。
② 《梁书》卷二一《张充传》，第329页。
③ 《魏书》卷八八《良吏传》，"裴佗"，北京：中华书局，1974年，第1907页。

亩；以北魏尺当25.6厘米－30厘米计算，约为2123平方米－2916平方米。

　　一座宅院，大抵相对独立，并不与邻居的宅院直接相联。《宋书·孝义传》说郭世道是会稽永兴人，家贫无产业，佣力为生，其子原平亦为人作匠。世道死后，"自起两间小屋，以为祠堂。每至节岁烝尝，于此数日中，哀思，绝饮粥"。其"居宅下湿，绕宅为沟，以通淤水。宅上种少竹，春月夜有盗其笋者，原平偶起见之，盗者奔走坠沟。原平自以不能广施，至使此人颠沛，乃于所植竹处沟上立小桥，令足通行，又采笋置篱外，邻曲惭愧，无复取者"。[1]郭原平的宅院四周掘有水沟，沟外有竹篱，沟内植竹。其所起祠堂当在其父墓园处，共有两间小屋，则其宅屋当不止两间。其宅周篱内植有竹，产笋较多，当就是园。郭家是南朝时期一个普通的农家，其宅院形态或具有代表性。上引《梁书·张充传》说张充的"五亩之宅，树以桑麻"，也当是包括园。《颜氏家训》卷一《治家》说："生民之本，要当稼穑而食，桑麻以衣。蔬果之畜，园场之所产；鸡豚之善，坶圈之所生。爰及栋宇器械，樵苏脂烛，莫非种殖之物也。至能守其业者，闭门而为生之具以足，但家无盐井耳。"[2]

---

　　① 《宋书》卷九一《孝义传》，"郭世道"附"子原平"，第2244-2245页。
　　② 王利器：《颜氏家训集解》卷一《治家》，北京：中华书局，1993年，第43页。

此言一户人家，有园场可产蔬果，埘圈得养鸡豚，房屋亦可自造，器械用具、薪草油烛，皆可自备。所言虽是极端之例，但北朝时期宅园作为生产场所的功能是非常重要的。

北魏孝文帝太和九年（485），下诏均给天下民田，规定："诸民有新居者，三口给地一亩，以为居室，奴婢五口给一亩。"[①]"新居"之"诸民"，当即"新民"。《魏书·太祖纪》谓天兴元年（398）二月，"诏给内徙新民耕牛，计口授田"。其所说的"内徙新民"，即此前一月所徙以充京师的"山东六州民吏及徒何、高丽杂夷三十六万，百工伎巧十万余口"。[②]《魏书·太宗纪》载永兴五年（413）七月，"奚斤等破越勤倍泥部落于跋那山西，获马五万匹，牛二十万头，徙二万余家于大宁，计口受田"；八月，"置新民于大宁川，给农器，计口受田"。[③]均田令中所说"诸民有新居者"，当即指各种"新民"。北魏时的一亩，约合566平方米–778平方米。若以三口一家计，一户新民的宅地大约只有一户"旧民"宅地面积的三分之一（**需要说明的是，给受的是宅地，并非房屋**）。

太和九年均田令，对"新民"，是按照相关标准，授给

① 《魏书》卷一一〇《食货志》，第2854页。
② 《魏书》卷二《太祖纪》，第32页。
③ 《魏书》卷三《太宗纪》，第53页。

田宅（是否授足，则根据所在县乡田地"宽""狭"而决定）。对于"旧民"，则根据相关标准，确定其应受田宅亩数，然后与其实际占有的田亩数相比较，多出标准的部分，需要按时纳还，由官府将之分配给"新民"，而其未足部分，则未必补授足额。故"旧民"之园宅地，当即其固有之园宅地，并非新授。西魏大统十三年（547）瓜州劲谷郡计帐残卷记载了部分民户受田宅的情况。其中，刘文成（荡寇将军）户七口（丁男、丁女各一口，中、小男各二口，小女一口），受田三十六亩，包括十五亩麻田、廿亩正田、一亩园，分为四段，其中两段属户主刘文成所当受之分，麻田、正田均已受足：

> 一段，十亩，麻，舍西二步。东至舍，西北至渠，南至白丑奴。
> 一段，廿亩，正。舍东二步。东至侯老生，西至舍，南北至渠。

一段五亩，属刘妻任舍女所当受之分，麻田已受足，正田则未受。另有一段是"居住园宅"，只有一亩。刘文成虽然有七口人，实受宅地一亩。其宅舍西面紧邻其所受麻地，东面紧邻所受正地，地东为侯老生家，南、北两面都有水渠。侯老生（白

□□家也是七口（□男一口，□妻一口，中男、中女、小男各一口，已亡小女一口），受田六十四亩，分为七段：

一段，十亩，麻。舍南一步。东至曹匹智，西至侯老生，南至搜，北至渠。

一段，廿亩，正。舍西五步。东至麻，西至刘文成，南至元舆，北至渠。

右件二段，户主老生分。麻、正足。

一段，五亩，麻。舍西卅步。东至老生，西至文成，南至老生。北至渠。

一段，十亩，正。舍南一里，东至曹乌地拔，西至文成，南至圻，北至老生。

右件二段，妻腊腊分。麻、正足。

一段，十亩，麻。舍西一步。东至舍，西至渠，南至阿合孤，北至曹羊仁。

一段，八亩，正。舍南十步，东至渠，西至丰虎，南至敬香，北至渠。

右件二段，息阿显分。麻足，正少十二亩。

一段，一亩，居住园宅。

则侯老生家在刘文成家之东，其住宅的西、南两面也都是田地（与刘文成家之间，有三段地，共三十五亩），北面有渠和道，南面地势稍高（圻）。侯家七口，园宅地也是一亩。其天婆罗门（白丁）一家六口（丁男、丁妻各一口，中男、中女、小男各一口，已亡息女一口），计受田七十一亩，包括麻田十五亩、正田五十五亩、一亩园。佚名户亦为六口（丁男二口，丁妻一口，小男、黄各一口，贱丁婢一口），已受田四十一亩，包括麻田三十亩、正田十亩、一亩园。另一佚名户口数及受田数均残缺，然其受田中包括一亩居住园宅。叩延天富（白丁）一家五口（丁男、丁妻各一，黄男二口，已亡老女一口），受田二十六亩，包括麻田十五亩、正田十亩、一亩园（二分未足）。王皮乱（白丁）一家六口（丁男、丁妻、中男、小女各一口，中女二口），受田二十七亩，包括麻田十五亩、正田七亩、园宅一亩。白丑奴（白丁）一家共十五口（户主白丑奴；母高阿女，老妻；妻张丑女，丁妻；息男显受，进丁；息女□□，中女；息男阿庆与安庆，中男；息女未丑，中女；息女未客与晕庚，小女；弟武兴，白丁；兴妻房英英，丁妻；兴息女阿晕和男英，小女；兴息女续男，黄女），计受田口五（三丁男、二丁妻），其受田宅数不详。□广世户，户口、受田数均不详，所受田亩中，有一段十亩麻田，在舍西五步；另一段五亩，在舍北十五步。各家所受田地均紧邻宅舍，无论人口

96

多少，所以园宅皆为 亩。池田温说．"综合各户的地段记载看来，不妨解释为各户只有一舍，即以之为基准来表示每一地段的距离；并可以断定各户中的户主、妻、弟等各人所有的地段，都是按其四至的记载，而被统一置于户主名下。"[1]

在这件文书中，又记有五组33户合计应受、实受田地数：

（1）一组6户，应受田男口6、牛1头，应受田116亩，已受足，其中麻田30亩、正田80亩、园6亩。

（2）一组6户，应受田口20（其中丁男11，丁女9），应受531亩，已受385亩，包括麻田135亩、正田250亩、园6亩。

（3）一组13户，应受田口35（其中丁口18、隆老男口1、丁女15、贱口1）、牛2头，应受田848亩，已受433亩，其中麻田250亩、正田170亩、园13亩。

（4）一组7户，应受田口14（其中丁口8、丁女6），应受田337亩，已受112亩，包括园7亩（麻、正田亩数残缺）。

（5）一组1户，应受田口1（老女），应受田15亩，"元无"。[2]

---

① 池田温：《中国古代籍帐研究》，龚泽铣译，北京：中华书局，2007年，第70页。

② 中国社会科学院历史研究所、英国国家图书馆等：《英藏敦煌文献（汉文佛经以外部分）》，第二卷，成都：四川人民出版社，1990年，第78-84页，S.613，《瓜州帐、籍》；池田温：《中国古代籍帐研究》，龚泽铣译，"录文与插图"，第10-22页。

每户人家，无论其人口多少，包括十五口、三代人的扩大式家庭白丑奴家，登记的园宅地，都是一亩。显然，一亩乃是园宅地的标准，事实上并不一定均为一亩。最后一组的一户老女，应受田十五亩，"元无"，亦未受田（**包括居住园宅**），正说明所谓"受田"，不过是将各户"元有"的田亩登记为"已受"的田亩；若"元无"田宅，亦即无已受田宅。[①]所以，均田令下的已受园宅，主要是对民户固有园宅的承认，与民户实有的园宅情形并不完全吻合。

[①] 关于此件文书所涉及的麻田、正田的性质，历来有诸多讨论，认识亦各不相同。我们认为：无论麻田、正田的性质若何（是各户原有的所有地，还是国家授予的田土），各户的居住园宅，都应当是其原有的宅地。这些宅地规模本各不相同，然在登记为"已受"田亩时，皆作为"一亩"计算。所以，这里的一亩，不能理解为实际上即为一亩大小。

五、隋唐五代时期的居住园宅、屋舍与宅院

（一）居住园宅

《隋书·食货志》云：

后周太祖作相，创制六官。载师掌任土之法，辨夫家田里之数，会六畜车乘之稽，审赋役敛弛之节，制畿疆修广之域，颁施惠之要，审牧产之政。司均掌田里之政令：凡人口十已上，宅五亩；口〔七〕（九）已上，宅四亩；口五已下，宅三亩。有室者，田百四十亩，丁者田百亩。司赋掌功赋之政令：凡人自十八以至六十有四，与轻癃者，皆赋之。其赋之法，有室者，岁不过绢一疋，绵八两，粟五斛；丁者

半之。其非桑土，有室者，布一疋，麻十斤；丁者又半之。丰年则全赋，中年半之，下年一之，皆以时征焉。若艰凶札，则不征其赋。司役掌力役之政令。凡人自十八以至五十有九，皆任于役。丰年不过三旬，中年则二旬，下年则一旬，凡起徒役，无过家一人。其人有年八十者，一子不从役，百年者，家不从役。废疾非人不养者，一人不从役。若凶札，又无力征。[①]

此记宇文泰授田征赋之法，其适用之范围，向无定说。今按：六官之制，建于西魏恭帝三年（556）。文中说司均授田与司赋征赋，分"有室者"与"丁者"二类，当分别指有家室者与单丁无家室者。此种分划，当适用于迁徙之"新民"（"旧民"中，即使有单丁无家室者，亦当甚稀，不当独别为一类）。自大统以来，西魏北周政权战争每有所攻获，辄迁其豪帅民吏，以实关中；归附户口，则多就近安置。[②]文中所述田宅赋役制度，当主要适用于各种"新民"。五口之家，给宅三亩、田百四十亩，均比太和九年均田令所授宅、田

----

①　《隋书》卷二四《食货志》，北京：中华书局，1973年，第679页。
②　王仲荦：《北周六典》卷三《地官府》，北京：中华书局，1979年，第101—102页。

为多，盖为招纳怀缓新民之策。^①

《隋书·食货志》接着述开皇三年（583）新令，谓丁男、中男所受永业露田，"皆遵后齐之制"（指北齐河清三年制，一夫给永业田二十亩，露田八十亩，妇四十亩），"其园宅，率三口给一亩，奴婢则五口给一亩"。^②开皇三年令，适用于全部著籍民户，则三口之家受田一亩，当为定制。此种规定，为唐制所沿袭。《唐六典》卷三《户部尚书》录开元七年（719）令，谓："凡天下百姓给园宅地者，良口三人已下给一亩，三口加一亩；贱口五人给一亩，五口加一亩，其口分、永业不与焉（若京城及州、县郭下园宅，不在此例）。"^③《通典》卷二《食货》录开元二十五年（737）令也说："应给园宅地者，良口三口以下给一亩，每三口加一亩，贱口五口给一亩，每五口加一亩，并不入永业口分之限。其京城及州郡县郭下园宅，不在此例。"^④与北魏、隋制相比较，唐制明确规定，园宅地不计入永业、口分田的应受田亩内，且良口每增加三口（贱口每增加五口），园宅地即增加一亩。

---

① 王仲荦先生认为："北周宅田五亩四亩三亩之差，恐亦具文而已，未必实给如制也。"见王仲荦：《北周六典》卷三《地官府》，第111页。

② 《隋书》卷二四《食货志》，第680页。

③ 《唐六典》卷三《户部尚书》，北京：中华书局，1992年，第74—75页。

④ 《通典》卷二《食货二》，"田制下"，北京：中华书局，1988年，第30页。

唐代以五尺为步，240平方步为一亩。今见唐尺多在29厘米至31.7厘米之间，若以30厘米计，则一亩相当于540平方米。其所谓"给园宅地""应给园宅地"，皆当理解为"应当给予的园宅地"。它包括两层内涵：一是承认编户拥有其固有的园宅地，但不得超过其应受的标准；二是若没有园宅，官府应当按照标准给予其园宅地。

那么，在事实上，上述规定是如何执行的呢？百姓实际上拥有怎样的园宅地呢？

唐西州高昌县籍（S.4682）存有一户人家的户口与受田记录：户名与人口记录不全，只存有二口（**赵师年，中男；小姜，丁女，26岁**），应受田一顷二十一亩：已受十一亩卅步，其中十亩永业，卅步居住园宅；一顷一︱亩二百步未受。赵师年户未受田亩中的二百步，与已受居住园宅的卅步合计，正为一亩，说明其应受居住园宅为一亩，而已受卅步。[1] "武周载初元年（690）西州高昌县宁和才等户手实"保存了十六户人家的户口、受田记录：

（1）宁和才户，五口（**现存和才、母、妹三口，二姊于籍后死**），合受常田一段二亩（**在城北廿里新兴**），部田三段各一亩（**分别在城西五里沙堰渠、城南五里马埒渠、**

---

① 池田温：《中国古代籍帐研究》，龚泽铣译，"录文与插图"，第92页。

城西五里胡麻井渠），居住园宅□段卅步。十家所受二段部田均注明"三易"，常田与居住园宅则未易，盖为其固有。

（2）王隆海（笃疾）户，三口（弟隆住，卫士；妻，籍后娶，漏，附），受常部田十一段十九亩半，其中常田五段七亩半，部田六段十二亩。未记居住园宅。

（3）史苟仁（白丁）户，一口，合受常部田三段四亩，其中常田一段二亩，部田二段二亩。未记居住园宅。

（4）翟急生（品子）户，六口（妻、故父妾、女、乐事阿丰吉、部曲昝阿吐），受常部田五段十亩，其中常田二段四亩、部田三段六亩（均三易），居住园宅一段七十步。

（5）杨支香（大女）户，二口（杨支香有籍，男盲取，漏无籍）。无受田记录。

（6）曹多富（大女、老寡）户，合受常田一段二亩，在城西武城渠，一段卅步，居住园宅。

（7）康才实户，十四口（女、弟妻、女、弟、妻、弟、婢，以上旧有籍；四男、一女、一侄男，以上漏籍），合受常部田不全，存四段，合计七亩半。未记居住园宅。

（8）王具尼户，口数残，存合受常部田四段五亩，其中常田一段二亩，部田三段三亩（均三易）。未记居住园宅。

（9）佚名户，至少有六口（户主、父、妾、男、二女），合受常部田三段，二亩一百步，其中一段一百步标明为菜地，在城北一里张渠。后残，未见居住园宅。

（10）康才义户，口数不详，合受常部田残，仅余"一段卌步，居住园宅"一行。

（11）康鹿独（卫士）户，存四口（妻、二女），后缺，未见受常田记录。

（12）佚名户，口数缺，合受常部田七段，一段居住园宅卌步，桃一段二亩，常田一段二亩，部田三段六亩（均三易）。

（13）唐钦祚户，户口、受田记录均残缺。

（14）佚名户，口数残，合受常部田存四段，二段二亩半、桃，二段一亩、菜。后残，未见居住园宅。

（15）佚名户，存二口，合受常部田部分仅存两行，不全，其中一行存"居住园宅"四字。

（16）佚名户，户口残，合受常部田存七段，其中二段三亩、桃，一段一亩常田，二段二亩部田（三易），一段一亩囗潢。下残，有无居住园宅不详。①

在上述十六户籍帐中，"合受常部田"记录完全者有六户，其中宁和才、翟急生、曹多富、佚名户四户所受田地中包括居住园宅（分别为卌步、七十步、卌步、卌步），王隆

---

① 国家文物局古文献研究室等编：《吐鲁番出土文书》，第七册，北京：文物出版社，1986年，第414—440页。

海、史荀仁二户则未记居住园宅。那么，何以有的户有给受居住园宅的记录，而有的户没有呢？

"唐神龙三年（707）高昌县崇仁乡点籍样"保存了43户的户口、受田记录。其中康陁延等30户的"合已受田"数虽各不相同，但余数均包括"卅步"。本件文书还记录了大女张慈善、康义集等8户"括附"户口，注明其"田宅并未给受"；[①]在康迦卫户下，则注称"逃满十年，田宅并退入还公"。[②]因此，点籍样所记"合已受田"当包括已受的园宅。然则，康陁延等30户受田数中的"卅步"，以及安德忠等户下的"七十步"、康禄山户下的"八十步"（当是两个四十步），当即所受居住园宅的面积。若果如此，则在高昌县崇仁乡，居住园宅的给受乃是普遍的，而每户无论其口数多少，又大抵以四十步最为普遍。在崇仁乡编户受田记录中，居住园宅并未单独别出，而是与所有已受田亩合计计算，那么，"武周载初元年（690）西州高昌县宁和才等户手实"中王隆海、史荀仁二户的居住园宅，也可能包括在其所受的田亩中，只是没有单独别出。

---

① 国家文物局古文献研究室等编：《吐鲁番出土文书》，第七册，第468—470页。

② 国家文物局古文献研究室等编：《吐鲁番出土文书》，第七册，第471—472页。

表1 高昌县崇仁乡部分民户的口数与所受田宅

户主	户主身份	口数	已受田数
康禄山	白丁	9	九亩八十步
康阤延	白丁	8	一十亩卅步
康恩义	小男	7	八亩卅步
何莫潘	职资	11	廿五亩卅步
康阿子	废疾	9	廿三亩卅步
康迦卫	卫士		逃满十年，田宅并退入还公
安德忠	小男	8	一十亩七十步
康外何	大女，老寡	3	三亩卅步
康那庹	大女，老寡	4	七亩卅步
何无贺（呴）	大女，老寡	4	五亩卅步
石浮（呴）盆	老男	3	一十亩卅步
竹畔德	卫士	9	一十七亩卅步
竹熊子	丁品子	5	九亩卅步
康阿丑	大女，老寡	4	五亩卅步
石浮（呴）满	卫士	4	一十亩卅步
阴阿孙	大女，丁寡	1	五亩卅步
曹伏食	老男	8	一十二亩卅步
曹莫盆	卫士	7	一十三亩卅步
康受感	小男	7	八亩卅步
康演潘	卫士	8	一十亩卅步
安义师	卫士	8	一十四〔亩〕卅步
萧望仙	小男	3	五亩七十步
安善才	勋官	8	缺
佚名		6	五亩卅步
赵独立	白丁	5	九亩卅步
夏运达	丁品子	4	七亩卅步
刘戍	大女	1	二亩半□□

户主	户主身份	口数	已受田数
佚名			五亩卅步
郑思顺	小男	3	五亩卅步
郭德仁	白丁	6	缺
白胡仁	卫士	5	九亩三十六步
郭桃叶	丁寡	2	五亩卅步
曹玄恪	职资队正	5	一十亩四十步
郭忠敏	小男	5	九亩卅步
安师奴	小男	4	缺
焦僧住	卫士	8	缺
佚名	缺	7	廿亩卅步
白盲子	白丁	5	一十五亩一百二十步
郭君行	卫士	8	一十一亩卅步
郑隆护	卫士	1	一十亩半卅九
郑欢进	卫士	3	缺
佚名	缺	5	一十亩卅□
佚名	缺	缺	一十亩六十步

资料来源：国家文物局古文献研究室等编：《吐鲁番出土文书》，第七册，北京：文物出版社，1986年，第470-484页。

"唐开元四年（716）西州柳中县高宁乡籍"保存了六户人家的户口、受田记录。六户人家均受有居住园宅，其中只有一户（江义宣户）为七十步，其余均为四十步。白小尚（**大女，19岁**）户是代母立户，其母季小娘于开元三年帐后死，"其口分田先被官收讫"，故仅有居住园宅一段，四十步。而另一家户主佚名，口数不详，籍帐仅记有其三奴（**分别名"典仓""孤易""来德"**）。该户应受田二百四十一亩，已受二十九亩半零七十步，其中永业二十九亩半零三十步，居住园宅四十步。[①]这显然是一个富有之家，居住园宅却也只有四十步，与只剩下一口人的白小尚家相同。

哈拉和卓39号墓所出两件唐贞观年间西州高昌县手实，其第一件残缺较甚，残存第一行存"一十亩七十步，已受"，第十行存"步，居住园宅"五字，则该户已受居住园宅为七十步。第二件现存第二行下端存"七十步，居住"，第七行存"□□七十步，居住园宅"。[②]则此两户的居住园宅均为七十步。

据此可知，在高昌地区，著籍的编户齐民虽然按照规定每户均可受一亩园宅地，但事实上，其所拥有的园宅地大多只有四十步或七十步，远不足一亩。吐鲁番文书中所见西州民户的园宅地，大部分皆当是其固有的园宅地，没有确切证据表明其来自唐王朝所给授。

土肥义和先生曾详细讨论唐代敦煌的居住园宅问题，他注意到：在敦煌籍帐登载的人户中，给受居住园宅者只占总人户的

---

① 池田温：《中国古代籍帐研究》，龚泽铣译，"录文与插图"，第100—104页。

② 国家文物局古文献研究室等编：《吐鲁番出土文书》，第六册，北京：文物出版社，1985年，第105—108页。

大约百分之四十（在他所研究的49户中，有26户没有给受居住园宅的记录）。对于籍帐中众多人户没有给受居住园宅的记载，土肥先生说有三种可能：一是一亩以下零散的土地，登记时即当作零处理了；二是国家并不能掌握现实中已存在的园宅地；三是把居住园宅地与永业、口分田通计，合在一起登记。他指出：在敦煌籍帐中，已受居住园宅人户的已受田数即等于永业田、口分田、居住园宅的合计；未登载给受居住园宅的人户的已受田，也恰好是其所受永业田与口分田之和，因此，不会存在第三种可能性。而由于敦煌文献中又见有不少归还居住田园的记载，所以，认为国家未能完全掌握园宅地的看法，也并不能成立。因此，土肥先生主要从敦煌土地的分划与计算的角度，考察田亩的计量，以说明籍帐中之所以未记载人户的居住园宅，当因其占地较小、不足一亩，而籍帐不登记人户之居住园宅，又正反映出敦煌居住园宅占地越来越零细。[1]今见敦煌籍帐中关于应受、已受田亩的记载，确实只记载到亩，未及畸零步数，所以，土肥先生的意见非常值得重视。可是，仔细分析敦煌籍帐的相关记载，我们认为，土肥先生的解释还有需要进一步讨论之处。

---

[1] 土肥義和：《唐代敦煌の居住園宅について——その班給と田土の地割とに關連して》，《国学院杂志》77卷第三号（1976年），第162—177页。

表2 敦煌籍帐所见民户受田宅情况

| 户名 | 户主身份 | 户等 | 口数 | 应受亩数 | 已受田亩 | | 居住园宅 | | |
					亩数	位置	记录	实有	位置
邯寿寿[1]	白丁	课户	3	131	43	城东卅里两支渠	1亩	园	两支渠
佚名[1]				81	28	城东卅里两支渠	未记		
索辩才[1]	卫士	课户	2	131	18	城东卅里两支渠 城北廿里无穷渠	1亩		两支渠
张玄均[1]	上柱国子	课户	3	231	75	城东卅里乡东渠,城东卅里两支渠,城北廿里无穷渠	未记	舍	乡东渠
佚名[2]				101	36	城北七里八尺渠,城北四里八尺渠	未记	舍	八尺渠
佚名[2]				344	74	城北七里八尺渠,城西七里娄门渠,城西七里宜秋西支渠,城北四里两支渠	2亩	园舍、舍	八尺渠
佚名[3]				151	37	城东廿里千渠	1亩		千渠
杨法子[3]	卫士	下下户	2	131	15	记录残缺	1亩		

110

续表

户名	户主身份	户等	口数	应受亩数	已受田亩			居住园宅	
					亩数	位置	记录	实有	位置
侠名[3]			4	51	26	记录残缺	未记		
董思勖[3]	白丁	下上户	3	131	28	城东廿里千渠	未记		
杨法子[3]	卫士	下中户	4	101	39	城东廿里千渠	未记		
余善意[3]	老男	下中户	3	161	28	城东七里第一渠	1亩		第一渠
杜客坐[3]	卫士	下下户	4	201	40	记录残缺	1亩		残缺
郭玄昉[4]	白丁	下下户	8	201	20	城东廿里瓜渠	未记		
侠名[4]					44	城东卅里官渠	未记		
侠名[4]				162	44	城东十五里瓜渠	1亩		瓜渠
侠名[4]						城东十里赵渠	1亩		赵渠
赵玄义[4]	老男	下中户	6	52	11	城东廿里沙渠	未记		沙渠
氾尚元[4]	寨	下下户	1	51	15	城东廿里沙渠	1亩		
赵玄表[4]	白丁	下下户	3	101	35	城东廿里沙渠，城东十五里沙渠	未记		
曹仁备[4]	卫士、上柱国	下中户	6	3182	63	城东十里赵渠，城东廿里瓜渠	1亩	舍	赵渠

111

续表

户名	户主身份	户等	口数	应受亩数	已受田亩		居住园宅		
					亩数	位置	记录	实有	位置
王万寿[5]	白丁	下中户	2		11		1亩		阳开渠
佚名[5]				151	50	城南七里灌泽渠	未记		王使渠
佚名[6]				102	20	城北廿里王使渠	1亩		夏支渠
佚名[7]					40	城西七里夏支渠	3亩		念同渠
佚名[8]					17+	城西二里念同渠	1亩		不详
张牧奴[8]	老男	下下户	4	82	22	城西十里三支渠	2亩	舍	八尺渠、两支渠汇合处
□仁明[9]	上柱国	下下户	9	3133	39	城东卅里八尺渠、城东卅里	1亩	舍	平渠
佚名[10]			8+	184	40	城西十里平渠，城西廿里长酉渠，城西七里阴安渠	未记	不详	不详
郑恩礼[10]	白丁	下中户	12	234	101	城西七里平渠	2亩		高渠
曹恩礼[10]	队副	下中户	15	364	62	城西十里高渠	1亩		

户名	户主身份	户等	口数	应受亩数	已受田亩		居住园宅		
					亩数	位置	记录	实有	位置
佚名[10]					46+	城西七里阴安渠，城西七里平渠、十里平渠	3亩	舍	阴安渠与平渠交汇处
刘智新[10]	白丁	下下户	7	163	68	城西七里平渠	1亩	舍	平渠
阴承光[10]	白丁	下下户	6	262	49	城西七里阴安渠	2亩	舍	阴安渠
徐庭芝[10]	小男	下下户	6	112	30	城西十里高渠、城东卅里乡东渠	未记	园	高渠
程思楚[10]	卫士、武骑尉	下中户	18	365	79	城西七里平渠、城西七里孟授渠	1亩	舍	平渠
程什住[10]	老男、翊卫	下中户	15	155	64	城西七里平渠、城西七里孟授渠、城西十里蒲桃渠	未记	舍舍	平渠蒲桃渠
程仁贠[10]	老男、翊卫	下下户	9	53	31	城西七里平渠、城西十里河北渠	未记	舍	平渠

113

续表

户名	户主身份	户等	口数	应受亩数	已受田亩 亩数	已受田亩 位置	记录	居住园宅 实有	居住园宅 位置
程大忠[10]	上柱国	下中户	13	3104	82	城西七里平渠、城西十里五里孟按渠、城西十里孟按渠	1亩		不详
程大庆[10]	武骑尉	下中户	9	163	68	城西十里平渠、城西五里孟按渠	1亩	园舍	城西十里平渠、城西七里平渠
程智意[10]	卫士、飞骑卫	下中户	16	186	92	城西十里平渠、城西五里孟按渠、城西五里武都渠	1亩		不详
令狐仙尚[10]	中女	下下户	2	51	8	城西十里高渠	1亩	舍	高渠
杜怀泰[10]	上柱国	下下户	15	3325	78	城西十里高渠、城西十里高渠、城西七里胡安渠、城西七里孟按渠、城西七里贝佛渠	2亩	舍	高渠

续表

户名	户主身份	户等	口数	应受亩数	已受田亩		居住园宅		
					亩数	位置	记录	实有	位置
卑二郎[10]	白丁	下下户	12	234	57	城西十里平渠、城北卅里神农渠	未记	庐	平渠
卑德意[10]	武骑尉		7	162	43	城西十五里平渠	未记	舍	平渠
赵大[11]	老男	下下户	7	453	90	城东十五里八尺渠、城东二十里沙渠	1亩		八尺渠
张可曾[11]	中女	下下户	4	81	46	城东二十里沙渠	1亩		沙渠
索思礼[11]	老男、上柱国	下中户	10	6153	243	城东十五里瓜渠、城东一里孟接渠	3亩		瓜渠
安谐璟[11]	上柱国	下下户	5	3101	29	城东十五里瓜渠	1亩	舍	瓜渠
安大忠[11]	白丁	下下户	9	101	33	城东十五里瓜渠	1亩		瓜渠
令狐朝俊[11]	中男	下下户	7	131	38	城东十五里瓜渠	未记	舍	瓜渠
令狐进兑[11]	老男、上柱国	下下户	6	3101	103	城东十五里瓜渠、城东廿里沙渠、城东廿里朝渠、赵渠	1亩	舍	瓜渠
令狐粮子[11]	中女	下下户	2	81	39	城东十五里瓜渠	未记		

续表

户名	户主身份	户等	口数	应受亩数	已受田亩		居住园宅		
---	---	---	---	---	亩数	位置	记录	实有	位置
索仁亮[11]	守左领军卫	下下户	8	332	103	城东十五里瓜渠，城东廿里瓜渠	未记		
索如玉[11]	上柱国	下下户	4	3101	22	城东十五里瓜渠	未记		
杨日晟[11]	白丁	下下户	10	101	62	城东十五里瓜渠	1亩	舍	瓜渠
李大娘[11]	寡	下下户	4	59	59	城东十五里瓜渠	1亩	舍	瓜渠
樊黑头[11]	白丁	下下户	3	101	43	城东四十里三支渠	1亩		三支渠
唐元钦[11]	老男	下下户	5	151	90	城东二十里沙渠	未记		

资料来源：1."周人足元年（701）沙川敦煌县効谷乡籍"（P.3557V+P.3669V），见池田温：《中国古代籍帐研究》，龚泽铣译，北京：中华书局，2007年，"录文与插图"，第24-26页；上海古籍出版社、法国国家图书馆编：《法国国家图书馆藏敦煌西域文献》，第25册，上海：上海古籍出版社，2002年，第263-264页；第26册，上海：上海古籍出版社，2002年，第280页。

2."唐先天二年（713）沙州敦煌县平康乡籍"（P.2812V），见池田温：《中国古代籍帐研究》，龚泽铣译，"录文与插图"，第27-28页；上海古籍出版社、法国国家图书馆编：《法国国家图书馆藏敦煌西域文献》，第18册，上海：上海古籍出版社，2001年，第379页。

3."唐开元四年（716）沙州敦煌县慈惠乡籍"（P.3877），见池田温：《中国古代籍帐研究》，龚泽铣译，"录文与插图"，第30-35页；上海古籍出版社、法国国家图书馆编：《法国国家图书馆藏敦煌西域文献》，第29册，上海：上海古籍出版社，2003年，第58-61页。

4."唐开元十年（722）沙州敦煌县悬泉乡籍"（P.3898V+P.3877V），见池田温：《中国古代籍帐研究》，龚泽铣译，"录文与插图"，第36-43页；上海古籍出版社、法国国家图书馆编：《法国国家图书馆藏敦煌西域文献》，第29册，第119-120页。

5."唐开元十年（722）沙州敦煌县莫高乡籍"（P.2684V），见池田温：《中国古代籍帐研究》，龚泽铣译，"录文与插图"，第44

页；上海古籍出版社、法国国家图书馆编：《法国国家图书馆藏敦煌西域文献》，第17册，上海：上海古籍出版社，2001年，第243页。

6．"唐开元年代沙州敦煌县籍"（S.5950），见池田温：《中国古代籍帐研究》，龚泽铣译，"录文与插图"，第46页。

7．"唐开元年代沙州敦煌县籍"（ИВДχ476），见池田温：《中国古代籍帐研究》，龚泽铣译，"录文与插图"，第47页。

8．"唐天宝三载（744）敦煌郡敦煌县神沙乡弘远里籍"（P.163），见池田温：《中国古代籍帐研究》，龚泽铣译，"录文与插图"，第47页。

9．"唐天宝六载（747）敦煌郡敦煌县效谷乡□□里籍"（S.4583），见池田温：《中国古代籍帐研究》，龚泽铣译，"录文与插图"，第48页。

10．"唐天宝六载（747）敦煌郡敦煌县龙勒乡都乡里籍"（P.2592+P.3354+罗振玉旧藏+S.3907+P.2547V），见池田温：《中国古代籍帐研究》，龚泽铣译，"录文与插图"，第49-71页。

11．"唐大历四年（769）沙州敦煌县悬泉乡宜禾里手实"（S.514），见池田温：《中国古代籍帐研究》，龚泽铣译，"录文与插图"，第72-91页。

在表2所统计的59户籍帐中，有36户已受居住园宅（其中二亩者4户、三亩者3户，余29户各一亩），23户没有关于纷叉居住园宅的记录。未记录居住园宅户在全郡籍帐所录户中所占的比例，较之土肥先生的统计为低，但仍然较高。在俄藏"天宝年间敦煌田簿"（Φ366）所记较为完整的29户籍帐中，有14户记有宅地面积（其中2户二亩，余12户均为一亩宅），说明籍帐不记录其所受田宅的情况是比较普遍的。[1]

显然，籍帐中未记录给受居住园宅，并不等于该户没有居住园宅。"唐先天二年（713）沙州敦煌县平康乡籍"（P.2812V）保存了二户人家的户口、受田记录，其中一户户主佚名，口数亦不详，应受田101亩，已受36亩（永业20亩，口分16亩），无给受居住园宅记录。所受田地分为十段，其中九段在城北七里八尺渠，一段在城北四里八尺渠。其所受田之第三、四段：

　　一段，壹亩，永业。城北七里八尺渠，东自田，西张行开，南舍，北张君护。

　　一段，肆亩，永业。城北七里八尺渠，东渠，西张庆，南舍，北张表。

---

　　① 唐耕耦、陆宏基编：《敦煌社会经济文献真迹释录》第2辑，北京：全国图书馆文献缩微复制中心，1990年，第334–368页；杨际平：《列宁格勒所藏天宝年间敦煌田簿研究》，《敦煌学辑刊》1989年第1期；图影见俄罗斯科学院东方研究所圣彼得堡分所等编：《俄罗斯科学院东方研究所圣彼得堡分所藏敦煌文献》，第5册，上海：上海古籍出版社，1994年，第367–426页。

此户人家的宅舍就在敦煌城北七里的八尺渠，在上述两段地的南边。①虽然籍帐没有记载该户的居住园宅，但它显然是有宅舍的。那么，这些籍帐中未记录给受居住园宅的户，所有的居住园宅面积，是否即如土肥先生所说，不足一亩，故未予登录呢？

在"周大足元年（701）沙州敦煌县効谷乡籍"（P.3557V+P.3669V）中，邯寿寿户有3口人（邯寿寿，白丁，56岁；女儿"娘子"，13岁，小女；亡弟妻"孙"，36岁，寡），应受田131亩，已受44亩（包括永业20亩，口分23亩，居住园宅1亩）。所受永业、口分田包括九段地，均在沙州（敦煌）城东三十里两支渠。其第八段地有2亩，口分，在城东三十里两支渠，"东自田，西邯文相，南道，北园"。其中的"园"当即邯寿寿家的园宅，就当在此段地之北。索辩才户只有2口（索辩才，卫士，50岁；母"白"，56岁，寡），应受田131亩，已受18亩（包括永业17亩，1亩居住园宅）。邯寿寿、索辩才二户人口单少，应受、已受田亩均不多，却皆受有1亩居住园宅。

而在同一籍帐中，张玄均户也是3口（张玄均，上柱国

① 上海古籍出版社、法国国家图书馆编：《法国国家图书馆藏敦煌西域文献》，第18册，上海：上海古籍出版社，2001年，第379页；池田温：《中国古代籍帐研究》，龚泽铣译，"录文与插图"，第27—28页。

子，34岁；母"薛"，62岁，寡；弟"思寂"，24岁，上
柱国子），应受田231亩，已受田75亩（包括40亩永业，35
亩口分）。其所受田的第十二段，系口分田，2亩，位于城东
三十里乡东渠，其北有"舍"，应当就是张玄均家的宅舍。[①]
乡籍未将之作为居住园宅载入，按照土肥先生的解释，张家的
居住园宅当不足一亩，故省略未载。可是，张氏兄弟均为上柱
国子，其应受、已受田主均多于邯寿寿、索辩才二户，其所居
住的园宅又何以小于邯、索两家（*户口规模相近似*）？

在"唐开元四年（716）沙州敦煌县慈惠乡籍"
（P.3877）中，杨法子户（下下户）有2口（杨法子，卫
士；母"王"，寡），应受田131亩，已受15亩，其中14亩
永业田，1亩居住园宅。余善意户（下中户），3口（余善
意，老男，81岁；孙男"伏保"，白丁；保妻"杨"），
应受田161亩，已受田28亩，其中20亩永业，7亩口分，1亩居
住园宅。杜客生户（下下户），4口（杜客生，卫士；妻
"马"；男"是是"；女"法子"），应受田201亩，已受
40亩，其中39亩永业，1亩居住园宅。另有一户佚名，口数不

① 上海古籍出版社、法国国家图书馆编：《法国国家图书馆藏敦煌
西域文献》，第25册，上海：上海古籍出版社，2002年，第263-264页；第26
册，上海：上海古籍出版社，2002年，第280页；池田温：《中国古代籍帐研
究》，龚泽铣译，"录文与插图"，第24-26页。

详，应受田151亩，已受37亩，其中20亩永业田，16亩口分田，1亩居住园宅。同一籍帐所记另一同名为"杨法子"的户（下中户），4口（杨法子，卫士；妻"阴"；男"乾昱"，小男；女"娘子"，小女），应受田101亩，已受39亩，其中20亩永业，19亩口分，无给受居住园宅的记录；董思䂮户（下上户），3口（董思䂮，白丁，残疾；父"回通"，75岁，开元二年帐后死；母"张"，寡），应受田131亩，已受28亩，其中永业20亩，口分8亩，无给受居住园宅记录。另一佚名户，至少有4口（户主；母"王"，寡，36岁，开元二年帐后死；姊"思言"，16岁，中女，开元二年帐后死；姑"客娘"，20岁，中女），应受田51亩，已受26亩，包括20亩永业田，6亩口分田，亦无给受居住园宅的记录。[1]在这份籍帐中，虽然已受1亩居住园宅的杨法子、余善意、杜客生、佚名四户人家的人口、应受已受田亩数，与未记录受居住园宅的另一杨法子、董思䂮、另一佚名户等三户人家相比，并没有明显差别，但受园宅的杨法子户、杜客生户皆为下下户，余善意户为下中户，而未记录给受园宅的另一杨法子户为下中户，董思䂮户为下上户。后者的户等显然比前者高，若其居住

---

[1] 上海古籍出版社、法国国家图书馆编：《法国国家图书馆藏敦煌西域文献》，第29册，上海：上海古籍出版社，2003年，第61~64页；池田温：《中国古代籍帐研究》，龚泽铣译，"录文与插图"，第30~35页。

园宅面积反而比前者小，小概不合常理。

"唐天宝六载（747）敦煌郡敦煌县龙勒乡都乡里籍"（P.2592+P.3354+罗振玉旧藏+S.3907+P.2547V）存有17户人家的户口、受田记录，其中未记录居住园宅者有6户：

（1）佚名户，口数当不低于8口，应受田184亩，已受40亩，并为永业田。所受田分为四段：两段在城西十里平渠，一段在城西七里阴安渠，一段在城西廿里长酉渠。其第二段田十亩，在城西十里平渠，其东为路，西有"舍"，当即此户的宅舍。[①]此户包括户主（身份不详）、宾女"因果"（2岁）、4个女儿（分别36岁、27岁、21岁、7岁）、户主的寡嫂（亡兄妻，66岁）以及妹妹（49岁），文书前缺，或者还当包括户主之妻。在家庭结构上，此户当属于联合家庭。他们的"舍"在自己一段10亩的永业田的西边。

（2）徐庭芝户（下下户），6口（姊、婆、母、二姑），应受田112亩，已受30亩，其中20亩永业，10亩口分。所受地分为六段：五段均在城西十里高渠，一段在城东卅里乡东渠。其第一段地一亩，永业，北"园"，东、南二面均

---

① 同一籍帐"程智意"户下记其所受地分为十七段，其第十六段地之东，为"阴舍"。阴舍，显然指阴家的舍。那么，其他户所受地段下所述的"舍"，则当为户主之"舍"。据此，我们认为，敦煌籍帐述各户已受田亩中所见的"园""舍"（以及"厝"），如无特别指明，皆当指该户的宅舍或园宅。

为路。此段地北面的"园"，当即徐家的园宅。徐庭芝只有17岁，系小男，是代姊（27岁）承户，家庭成员还包括婆（85岁）、母（42岁）和2个姑姑（均为47岁）。徐家有自己的园宅，在一段1亩的永业田北面。

（3）程什住户（**下中户**），15口，应受田155亩，已受64亩，包括永业40亩，口分15亩，勋田9亩。所受地分为十三段：其中一段在城西七里孟授渠，一段在城西十里蒲桃渠，三段在城西七里平渠，余下的八段均在城西十里平渠。其第六段地，7亩，永业田，在城西七里平渠，其东有"舍"；第十段地，5亩，勋田，位于城西十里蒲桃渠，其南有"舍"，北面有路。则程家有两处"舍"，一在城西七里平渠，一在城西十里蒲桃渠。这也是一个联合家庭，包括程什住一家10口（**户主程什住，老男、翊卫，78岁；他有2个妻子、1个妾；2个儿子、4个女儿**），和弟程大信一家5口（**大信，上柱国子；信妻，及其二女、一男**）。他们有两处"舍"，很可能是兄弟两家分别居住的。籍帐在户主程什住名下特别注明其"翊卫"的职资乃景云二载（711）二月三日授，"曾（祖）智，祖安，父宽"，说明程家已久居于此地。程家居其地已历四五代，什住、大信兄弟分住两处舍，面积大抵不会低于一亩，籍帐未予登载其居住园宅，当有他故。

（4）程仁贞户（**下下户**），9口，应受田53亩，已受31

出，包括永业17亩，勋田14田。所受地分为四段：两段在城西十里平渠，一段在城西七里平渠，一段在城西十里河北渠。其第二段地，10亩，勋田，在城西七里平渠，其西有"舍"。程仁贞家的宅舍，即当在此。程仁贞的身份也是老男（77岁），翊卫（景云二载二月三日授）户（下下户），其曾祖、祖、父皆与程什住相同，二人乃是兄弟。程仁贞有两个妻子，五女（均已成年，分别是45岁、43岁、41岁、33岁、31岁），一男（10岁），也是一个大家庭。其舍在城西七里平渠，当与程什住舍相近，面积亦不当低于1亩。

（5）卑二郎户（下下户），12口，应受234亩，已受57亩，其中40亩永业，7亩口分，10亩勋田。所受田分为八段：其中一段在城北卅里神农渠，七段在城西十里平渠。其第八段六亩，永业田，在城西十里平渠，其南有"厝"，当即宅舍。卑二郎29岁，白丁，系代父承户，其父为卫士，天宝三载籍后死。家庭成员还有母、弟（19岁）、姊（31岁）和7个妹妹（从7岁到27岁不等）。卑家所受田中，有10亩勋田，当系承袭祖业而来。

（6）卑德意户，7口，应受田162亩，已受43亩，其中永业20亩。所受地有四段见录，合计28亩，分为四段，均在城西十里平渠。其第一段七亩，永业，其东有"舍"，当即卑德意家的宅舍所在。卑德意的身份是武骑尉，二女均已成年（32

岁、21岁），三男均幼（16岁、4岁、3岁）。①

在以上六户中，程什住、程仁贞、卑二郎三户都是大家庭，户主或其父祖皆有职资，所受田中皆包括勋田，其居住园宅的面积，无论如何，皆不当低于1亩（**且程什住户有两处宅舍**）。所以，认为籍帐中未登载居住园宅，是因为其居住园宅不足一亩的看法，可能并不完全妥恰。而上述六户人家的宅舍，都分别位于其所受的永业田或勋田附近，说明其居住园宅很可能不归入还受的田亩范畴。

已受居住园宅者11户，其中有7户，籍帐中也明确记录了其宅舍之所在：

（1）佚名户，户口残缺，所受田包括十段，共计46亩，其中第十段3亩，注明为居住园宅，在城西七里阴安渠，东面有井，西为路，北为渠，南面为张铁的田地。余九段中，三段在城西七里阴安渠，五段在城西七里平渠，其中第六、七、八三段地（均为口分田，合计9亩）之北有"舍"。舍显然比较大，应当就是居住园宅，此户人家三亩的居住园宅当在阴安渠与平渠交汇处，位于其所受的三段口分田的北面。

（2）刘智新（白丁）户（下下户），7口（智新，祖母、母、妻、弟、二妹），应受163亩，已受68亩，其中20亩

---

① 池田温：《中国古代籍帐研究》，龚泽铣译，"录文与插图"，第49-71页。

永业，47亩口分，1亩居住四宅。所受地分为八段：五段在城西七里平渠；一段一亩，居住园宅。其第二段地十亩，口分，其东为"舍"。

（3）阴承光（白丁）户（下下户），6口（承光、婆、母、妻、弟、妹），应受田262亩，已受49亩，其中40亩永业，7亩口分，2亩居住园宅。所受地分为九段：八段均在城西七里阴安渠；一段二亩，居住园宅。其中第八段口分，一亩，其南有"舍"，当即阴家之宅舍。

（4）程思楚户（下中户），18口，应受田365亩，已受79亩，其中60亩永业，18亩口分，1亩居住园宅。所受地分为十二段：十一段均在城西七里平渠。其第十一段地六亩，口分，在城西七里平渠，其北有"舍"，东、南二面皆有路；其第八段地，永业，十亩，也在城西七里平渠，其南为"舍"。程家很可能有两处宅舍，一处在第十一段地（口分）之北，一处在第八段地（永业）之南。程思楚本人的身份是卫士、武骑尉（开元十七载三月廿九日授），其名下注明"曾信，祖端，父德"，则程家落居其地已久。程思楚户也是一个扩大式联合家庭，包括思楚的母亲、两个妹妹，思楚一家7口（思楚及其三个妻子、一个儿子、两个女儿），弟思忠一家5口（思忠及其两个妻子、一个儿子、一个女儿），以及弟思太一家3口（思太及其两个妻子）。其居住园宅不当只有一亩。

127

（5）程大庆户（下中户），9口，应受163亩，已受68亩，其中20亩永业，47亩口分，1亩居住园宅。所受地分为七段：

一段，肆亩，永业，城西七里平渠，东自田，西舍，南王智，北岸。

一段，捌亩，永业，城西十里平渠，东程伏生，西程忠，南路，北君。

一段，柒亩，永业，城西十里平渠，东然庆，西渠，南阎庆，北渠。

一段，贰亩（一亩永业，一亩口分），城西十里平渠，东赵崇仙，西园，南岸，北渠。

一段，拾亩，口分，城西五里孟授渠，东李大威，西程大节，南曹武相，北河。

一段，参拾陆亩，口分，城西十里平渠，东程什住，西舍，南渠，北渠。

一段，壹亩，居住园宅。

则程大庆户当有三处园、舍：一处"舍"在第一段地（永业）之西，一处"园"在第四段地（永业、口分）之西，一处"舍"在第六段地（口分）之西。程大庆本人的身份是武骑刷，名丁注称其"曾通，祖了，父义"。他冇二妻、二男、一女，以及两个成年的妹妹（分别30岁、22岁）。程家所有的三处园、舍合计，不会只有一亩。

（6）令狐仙尚户（下下户），2口（仙尚及其妹），应受田51亩，已受8亩，其中7亩永业，1亩居住园宅。所受地分为三段，除一段一亩为居住园宅、未记明其所在外，另两段均在城西十里高渠。

> 一段，陆亩，永业，城西十里高渠，东路，西渠，南令狐睹苟，北睹苟。

> 一段，壹亩，永业，城西十里高渠，东令狐睹苟，西胡子，南舍，北渠。

> 一段，壹亩。居住园宅。

第二段地南面的"舍"，应当就是其园宅。

（7）杜怀奉户（下下户），15口。应受田3325亩，已受78亩，其中60亩永业，16亩口分，2亩居住园宅。所受田分为十四段：其第一段地在城西十里高渠，一亩，永业，南有"舍"；其第七段地在城西十里胡渠，七亩，永业，东有"厝"。则杜家当有两处宅舍。杜怀奉本人是上柱国（开元十七载十月二日授），名下注明其"曾开，祖苟，父奴"。其户下包括怀奉一家3口（怀奉及其二子），侄子崇真一家6

口（崇真及其一子二女、母、妹），崇宾一家3口（崇宾及其母、弟），以及怀奉的姊、妹、姑，是一个相当复杂的大家庭，很可能有两处宅舍。[①]

以上七户中，佚名、刘智新、阴承光三户的"舍"在其所受的口分田旁，令狐仙尚、杜怀奉二户的"舍"在其所有的永业田附近，而程思楚户的两处宅舍及程大庆户所有的三处园宅分处于口分、永业田旁，似乎并没有规律可寻。但有两处宅舍的程思楚户和有三处园宅的程大庆户，在籍帐上登记的居住园宅也只有一亩，殊不可理解。

"唐大历四年（769）沙州敦煌县悬泉乡宜禾里手实"（S.514）保存了14户人家的户口、受田记录，其中有9户受有居住园宅，又有4户的宅舍见于记载：

（1）安遊璟（上柱国）户（下下户），5口（遊璟及其妻、女，二叔），应受田3101亩，已受29亩，20亩永业，3亩买田，5亩口分，1亩居住园宅。所受地分为八段，其第四段地三亩，在城东十五里瓜渠，买田，其南有"舍"，当即安遊璟家的宅舍。

（2）令狐进尧（老男，上柱国）户（下下户）6口（进尧及其父、二女、弟、亡叔），应受田3101亩，已受

① 池田温：《中国古代籍帐研究》，龚泽铣译，"录文与插图"，第54—71页。

100亩，其中10亩永业，62亩口分，1亩居住园宅。所受田分为二十五段，其第十八段地二亩，口分，在城东十五里瓜渠，其东有"舍"，当即令狐进尧家的宅舍。

（3）杨日晟（白丁，代兄承户）户（下下户），10口（日晟，其兄、兄妻、弟日迁、迁妻，三弟、二妹），应受地101亩，已受62亩，其中20亩永业（其下所记二段永业田，合计21亩，与总计数不合，当以21亩为是），42亩口分（其下所记七段口分地，合计40亩，与此不合，当以40亩为是），1亩居住园宅。所受地分为十段，其第五段地，五亩，口分，其西有"舍"，当即杨家的宅舍。

（4）李大娘户（下下户），4口，应受田59亩，并已受，其中20亩永业，25亩买田，13亩口分，1亩居住园宅。所受地分为十三段：其第三段一亩，永业，其东有"舍"；第七段一亩，口分，其北有"舍"。李大娘户虽然只有4口，却包括李大娘（寡，47岁）及其翁杨义巨（老男，武骑尉）及李大娘亡䎴叔妻"董"（39岁）、亡䎴弟"朝宰"（23岁），故有两处宅舍。[①]

这四户人家中，安遊璟户的舍在其"买田"旁，令狐进尧户、杨日晟户的舍在其口分田旁；李大娘户的两处舍，一近永

———————————

① 池田温：《中国古代籍帐研究》，龚泽铣译，"录文与插图"，第72-91页。

业田，一近口分田。四户所受居住园宅的面积，都是一亩。

　　据上引籍帐，民户所受田亩，常与宅舍相连。大中六年（852）十一月"沙州百姓唐君盈状上户口请田辞"（S6235背）说，唐君盈户（6口）受田47亩，分为七段，其第一段在都乡皆和渠，"两畦并园舍，共壹拾贰亩。东至唐剑奴，西至官道，南至子渠，北至道及寺家"。[①]唐家的园舍就在皆和渠边的这块地上，与田地一起计算面积。大顺二年（891）正月"沙州翟明明等户口受田簿"载翟明明户（4口）共受田四十亩半，其中第三段地，"肆畦共八亩，东至子渠，西至翟再盈，并阎政口及翟定君，南至河，北至翟和胜园。又舍壹所，东边壹分，东至自园，西至翟和胜，南至合院，北至翟神德。园舍西道及门前院，共和胜合"。[②]显然，翟明明户的园舍就在子渠边的这段地中，并未单独丈量计算面积。

　　因此，敦煌籍帐中未记录给受居住园宅的民户，并非没有园宅，其园宅面积也未必即不足一亩，只是没有单独丈量计算其居住园宅的面积，而将其与相邻的田亩一起丈量计算。籍帐中所记已受居住园宅的面积，则大抵是根据当户所有的宅舍，以一处宅舍当一亩计算的，未必即是实际丈量数据。尽管如此，一处园宅大约一亩，仍然可能是敦煌地区乡村宅地的基本

---

　　① 池田温：《中国古代籍帐研究》，龚泽铣译，"录文与插图"，第426页。
　　② 池田温：《中国古代籍帐研究》，龚泽铣译，"录文与插图"，第445页。

面积。

　　据上引"沙州百姓唐君盈状上户口请田辞"（S6235背）及"沙州翟明明等户口受田簿"，知敦煌籍帐所登载的居住园宅，当包括"园"与"宅"（舍）两部分，故一般面积即为一亩（240步）。"戊申年（828）沙州善护、遂恩兄弟分书"（S11332+P.2685）记载了善护、遂恩兄弟两家停分城外庄田及舍园林、城内舍宅家资什物畜乘鞍马的情况，其中述及城外舍的分割，说：

　　　　城外〔舍〕（捨）：兄西分三口，〔弟〕东分三口。院落西头小牛〔庑〕（舞）〔舍〕（捨）合。〔舍〕（捨）外空地，各取一分。南园，于柰子树巳西大郎，巳东弟。北园，渠子巳西大郎，巳东弟。树各取半。[①]

　　则善护、遂恩兄弟的园宅包括房屋六口、院落（西头有一间小牛庑舍，当即牛圈）、南园、北园（分别在舍的南、北两面），以及舍外的一段空地。这当即籍帐中所说的"居住园宅"。"年代不详（九世纪中期）僧张月光张日兴兄弟分书"（P.3744）也涉及兄弟二人对城外居住园宅的分割：

---

　　①　沙知辑校：《敦煌契约文书辑校》，南京：江苏古籍出版社，1998年，第431-433页。

133

平都渠庄园田地林木等，其年七月四日就庄对邻人宋良升取平分割，故立斯文为记。兄僧月光取舍西分一半居住，又取舍西园，从门道直北至西园北墙，东至治谷场西墙，直北已西为定。其场西分一半。……大门道及空地车〔敞〕（廒）并井水，两家合。其树各依地界为主。……

弟日兴取舍东分一半居住，并前空地，各取一〔半〕。又取舍后园，于场西北角直北已东，绕场东，直南□□舍北墙。治谷场一半。……①

则张月光、日兴兄弟的居住园宅有一座舍，舍的西面和后面（当为北面）各有一个园（西园和后园），东面为治谷场，前面有大门道、一块空地、车敞（廒）、井。园和场都有墙（当为土垣）环绕。分家后，月光分得这座园宅的西半部分（舍西半部分、西园、治谷场的西半部分），日兴分得其东半部分（舍的东半部分、后园、治谷场东半部分），两家仍然共用大门道、大门前的空地以及车敞、井等。张月光分得的这份居住园宅，又见于"大中六年（852）僧张月光博

---

① 沙知辑校：《敦煌契约文书辑校》，第436—439页。

[宜][秋][平]都南枝渠上界舍地一畦一亩，并墙及井水。门前[道]，[张][月][光]张日兴两家合同共出入，至大道。

东至张日兴舍平分，西至僧张法原园及智通园道，南至张法原及车道并南墙，北至张日兴园园道，智通舍东开。

又园地三畦共四亩。东至张日兴园，西至张达子道，南至张法原园及子渠，并智通园道法原园□□墙下开四尺道，从智通舍至智通园，与智通往来出入为主己。其法原园东墙□□□智通舍西墙，法原不许纠恠。北至何荣。又僧法原园与东无地分井水共用，园门与西车道□分，同出入，至大道。①

张月光博出的园地三畦四亩，当即分家时他分得的舍西园，在分书中没有记录西园的亩数，也未纳入月光所分得的口分地中，故应计算在居住园宅中。加上舍地一畦一亩，则张月光分得的居住园宅应是五亩（宅舍一亩、园四亩）。张日兴

---

① 沙知辑校：《敦煌契约文书辑校》，第4页。

分得的居住园宅面积也当相同。然则，张家在兄弟分家之前，居住园宅当有十亩。可是，在今见敦煌籍帐中，迄未见到有超过三亩的居住园宅，这也说明敦煌籍帐中所记的居住园宅亩数，大抵是按一舍一亩登录的，并非实际丈量的田亩数。

（二）屋舍与宅院

上引"戊申年（828）沙州善护、遂恩兄弟分书"说善护、遂恩兄弟各分得城外舍三口。其下文述及兄弟分割其城内舍的情况：

> 城内〔舍〕（捨）：大郎分，堂一口，内有库〔舍〕（捨）一口，东边房一口；遂恩分，西房一口，并小房子厨〔舍〕（捨）一口。院落并磑〔舍〕（捨）子合。大门外〔庑〕（舞）舍地大小不等，后移墙停分。〔庑〕（舞）舍〔舍〕（捨）：西分大郎，东分遂恩。[①]

这里的"一口"，据下引"马法律宅院地皮帐"

<hr>

① 沙知辑校：《敦煌契约文书辑校》，第433页。

（S.4707+S.6087），当是指[ ]门进去的[ ]栋房屋，而不应当是指一间房屋。善护、遂恩在城内的宅院有一栋堂，一栋东边房（当是东厢房），一栋西房（西厢房），一间库舍，一间厨舍，一座碾舍，以及一座庑舍（前房）。它应当是一座四合院。"马法律宅院地皮帐"所记马法律的宅院乃是一座大宅院（虽然无法判断其位于城中，抑或乡下）：

（前缺）

1　　　　二百五十二尺七寸三分。

2　马法律堂一口，东西并基一丈九尺九寸，南北并基

3　一丈二尺七寸。

4　　　　一百九十一尺三寸六分。

5　东房一口，东西并基一丈四寸，南北并基一丈八尺四寸。

6　　　　八十八尺四寸。

7　小东房子一口，东西并基一丈四寸，南北并基八尺五寸。

8　　　　一百四十五尺四寸一分。

9　西房子一口，东西并基一丈三尺一寸，南北并基一丈一尺一寸。

10　　　　一百七十五尺三寸八分。

11　厨舍一口，东西并基一丈一尺一寸，南北并
基一丈五尺八寸。

12　　　　五百三十九尺七寸。

13　院落东西并基二丈一尺，南北并基二丈五尺
七寸。

14　　　　一百一十尺。

15　内门道东西并基一丈，南北并基一丈一尺。

16　　　　一百一十二尺八寸。

17　外门曲东西明间一丈二尺，南北并基九尺四
寸。

18　　　　一百七十一尺一寸二分。

19　庑舍一口，东西并基一丈二尺四寸，南北并
基一丈三尺八寸。

20　　　已前计地皮一千八百三十六尺九寸，合着

21　　　物五百五十一石七升。[①]

　　　① 中国社会科学院历史研究所等编：《英藏敦煌文献（汉文佛经以
外部分）》，第六卷，成都：四川人民出版社，1992年，第247页；第十卷，成
都：四川人民出版社，1994年，第67页。黄正建：《敦煌文书所见唐宋之际敦
煌民众住房面积考略》，《敦煌吐鲁番研究》第3卷，北京：北京大学出版社，
1998年，第209—222页。

马法律的宅院里有　座堂（居中，东西向，252.13平方尺，合22.75平方米）、东房（院落东部，南北向，191.36平方尺，合17.22平方米）、小东房子（当在东房之南，与东房的东西宽相同，88.4平方尺，合7.96平方米）、西房（当在院落西部，145.41平方尺，合13.09平方米）、厨舍（当在西房南，175.38平方尺，合15.78平方米）。院落有两道门，在外门有庑舍一座（近方形，171.12平方尺，合15.4平方米）。马法律宅院的总面积为1836.9平方尺（合165.3平方米），合73平方步，三分地稍多，远不够一亩。这是宅院的面积，不包括园。

"宋开宝九年（976）莫高乡百姓郑丑挞卖宅舍契"（北生25背）是郑丑挞出卖自家"口分地舍"给慈惠乡百姓沈都和的契约抄件。所卖的宅舍位于城里：

定难坊巷东壁上捨（舍）壹院子：内堂壹口，东西并基壹仗（丈）贰尺五寸，南北并基贰仗（丈）八尺陆寸。又基上西房壹口，东西并基壹仗（丈）柒尺玖寸，南北并基壹仗（丈）柒尺九寸，南北并基贰仗（丈）壹尺半寸。又基下西房一口，东西并基叁仗（丈）捌尺肆寸，南北并基壹仗（丈）叁尺。又厨舍壹口，东西并基壹仗（丈）五尺，南北并基壹仗

（丈）陆尺。又残地尺数叁仗（丈）捌尺玖寸。院落门道，东至烧不勿，西至氾天信，南至曲，北至街。[①]

郑丑挞家堂的积是357.5平方尺（约合32平方米），基上西房（梯形）有348.67平方尺（约31平方米），基下西房有499.2平方尺（约45平方米），厨舍有240平方尺（21.6平方米），空地当为38.9平方尺（约3.5平方米），如果不计门道，郑家宅院的总面积大约为1484平方尺（约134平方米），约相当于59平方步。

马法律与郑丑挞的宅院规模均比较大，总面积也只有六七十平方步（约三分地），不足三分之一亩。因此，所谓一亩居住园宅，均当包括宅与园，宅大约只占三分之一左右。而吐鲁番籍帐所记的居住园宅，却只是指宅院，并不包括园，所以，一般只有四十步。"唐开元二十一年（733）西州蒲昌县定户等案卷"录各户赀产，即将"宅"与"园"分列：

> 户韩君行，年七十二，老。部曲知富，年廿九。宅一区，菜园坞舍一所，车牛两乘，青小麦捌硕，床粟肆拾硕。

---

① 沙知辑校：《敦煌契约文书辑校》，第32-34页。

户朱克僷，年干六，中。婢盯刀，年卅五，丁。
宅一区，菜园一亩，车牛一乘，牸牛大小二头，青小
麦五硕，床粟拾硕。

户范小义，年廿三，五品孙。弟思权，年十九。
婢柳叶，年七十，老。宅一区。床粟拾硕。

户张君政，年卅七，卫士。男小钦，年廿一，白
丁。赁房坐。床粟伍硕。[1]

韩君行户的宅与菜园坞舍分列。宋克僷户下的宅与菜园
亦分列，且特别说明菜园为一亩。范小义户有宅，无园；张君
政户赁屋居住，宅、园均无。然则，在西州地区，籍帐登记的
"居住园宅"实际上只是宅院的面积，而不包括园。

吐鲁番所出"唐焦延隆等居宅间架簿"记载了焦延隆等十
户人家的宅院房屋情况：

（1）焦延隆宅，东西十一步，南北九步，总面积为99平
方步（约223平方米）。院内有房屋四口，其中上房二口。
"东阴近伯，西张隆信，南道北，北张寺。"厅上楸柱一，通
行良（横梁）二。

（2）麴义仕宅，东西廿步，南北卅八步，总面积为760平

① 国家文物局古文献研究室等编：《吐鲁番出土文书》，第九册，北
京：文物出版社，1990年，第97—99页。

方步（约合三亩多，1710平方米）。院内有房屋二十九口，其中上房七口，下房二十二口，厕三座。

（3）□□怀宅，东西十四步，南北廿步，总面积为280平方步（合一亩又四十步，约630平方米），内有房屋九口，其中上房三口，下房六口。"东魏阇闍利，西魏明雅，南云王寺，北道。"

（4）麴海隆宅，东西十二步，南北十四步，总面积为168平方步（约378平方米）。院内有房屋八口，其中上房一口，下房七口。"东公主寺，西魏武德，南□主寺，北道。"

（5）佚名宅，东西十步，南北八步，总面积为80平方步（约180平方米）。院内有房屋四口，其中上房二口。

（6）司马欢仁宅，东西九步，南北八步，总面积为72平方步（三分地，约162平方米）。院内有房屋三口，其中上房二口。厅上行良（横梁）二，桑椽三十，厕一，"东孟海仁，西孟武欢，南高欢岳，北道"。

（7）□□熹宅，东西十一步，南北八步，总面积88平方步（约198平方米）。院内有房屋五口，其中上房一口。

（8）佚名宅，东西十步，南北十二步，计120平方步（半亩，270平方米）。院内有房屋五口，其中上房三口。

（9）麴隆太宅，东西廿二步，南北廿步，计440平方步（近二亩，约990平方米）。院内有房屋十口，其中上房四口。

（10）佚名宅，东西十八步，南北廿一步，计396平方步（约891平方米）。院内有房屋八口，其中上房一口。[1]

焦延隆等人的院落里，都包括三口（栋）至十口（栋）房屋，都是大宅院，不是普通人家居住的宅院。即使如此，他们的宅院也没有包括园。所以，吐鲁番文书所见的园宅，实际上只是指宅院，并不包括园地。故其面积（四十步或七十步）比敦煌文书所记园宅面积（一亩及以上）要小得多。

宅舍的四周一般有垣墙环绕，形成院落。"唐西州高昌县赵怀愿买舍券"述赵怀愿从田刘通息阿丰处所买舍二区的四至，谓："舍东共张□举寺分垣，南共赵怀满分垣，西诣道，北诣道。舍肆在之内，长不还，短不促，车行人道依旧。"[2]院门有厅。据上引"唐焦延隆等居宅间架簿"，焦延隆家的厅有上栿、柱各一根，通行良（当即通桁梁，应是位于正脊处的桁，即脊桁）二根，桑椽三十八根。麹海隆家的门厅有上栿一，柱一，行良（桁梁）四，桑椽六十根。司马欢仁与□□熹家的门厅没有栿，只有行良（桁梁）二、桑椽三十根。麹隆太家的宅院门厅有栿一、柱一，行良（桁梁）四、桑椽九十

---

① 国家文物局古文献研究室等编：《吐鲁番出土文书》，第四册，北京：文物出版社，1983年，第259-263页。
② 国家文物局古文献研究室等编：《吐鲁番出土文书》，第四册，第145页。

根。槏盖指平梁，柱与槏垂直居中。槏与柱构成简单的支架，上架通桁梁（当是顶梁）。有槏、柱的门厅实际上构成两间，无槏、柱的门厅则只有一间。行良（桁梁）越多，门厅的纵深即较深。门厅只有二行良（桁梁）或四行良（桁梁），应当是单斜面（一面坡）屋顶，即下文所谓二架、四架。

单栋房屋（"一口"）的面积，据上引"马法律宅院地皮帐"，在十余平方米至四十余平方米之间，而以二三十平方米最为普遍。马法律家的堂约22.75平方米，东房17.22平方米，小东房子7.96平方米，西房13.09平方米，厨舍15.78平方米。郑丑挞家的堂约合32平方米，基上西房约31平方米，基下西房约45平方米，厨舍21.6平方米。如果忽略上述房屋的功能，平均每栋房屋的面积约为23平方米。

一栋正房，仍当以一明二暗的三间房屋为主。《唐六典》卷二三《将作都水监》"左校署"述宫室之制云：

> 天子之宫殿皆施重栱、藻井，王公诸臣三品已上九架，五品已上七架，并厅厦两头，六品已下五架。其门舍，三品已上五架三间，五品已上三间两厦，六品已下及庶人一间两厦。五品已上得制乌头门。若官

修者，左校为之。私家自修者，制度准此。^①

《唐会要》卷三一《杂录》录太和六年（832）六月敕：

> 又奏：准《营缮令》，王公已下，舍屋不得施重拱藻井。三品已上，堂舍不得过五间九架，厅厦两头，门屋不得过五间五架。五品已上，堂舍不得过五间七架，厅厦两头，门屋不得过三间两架，仍通作乌头大门。勋官各依本品。六品七品已下，堂舍不得过三间五架，门屋不得过一间两架。非常参官，不得造轴心舍，及施悬鱼对凤瓦兽通栿乳梁装饰。其祖父舍宅，门荫子孙，虽荫尽，听依仍旧居住。其士庶公私第宅，皆不得造楼阁，临视人家。近者或有不守敕文，因循制造。自今以后，伏请禁断。又庶人所造堂舍，不得过三间四架，门屋一间两架，仍不得辄施装饰。^②

《新唐书》卷二四《车服志》所录较简，又略有不同，谓：

---

① 《唐六典》卷二三《将作都水监》，第596页。
② 王溥：《唐会要》卷三一《杂录》，北京：中华书局，1955年，第575页。

王公之居，不施重栱、藻井。三品堂五间九架，门三间五架；五品堂五间七架，门三间两架；六品、七品堂三间五架，庶人四架，而门皆一间两架。常参官施悬鱼、对凤、瓦兽、通栿乳梁。①

其所引《营缮令》，当即开元令。"架"即后世所谓"举架"，是指栿梁上所架桁梁（与栿梁相垂直）。所谓"五架"，即指栿梁（平梁）上架有五根桁梁（横梁），正中一根主桁，构成屋脊，两侧各有两根桁梁。所谓"四架""二架"，即栿梁上分别架有四根、两根桁梁。《旧唐书》卷四九《食货志》下记建中四年（783）六月，征收房屋税（"税屋间架"），"间架法：凡屋两架为一间，屋有贵贱，约价三等，上价间出钱二千，中价一千，下价五百。所由吏秉算执筹，入人之庐舍而计其数。衣冠士族，或贫无他财，独守故业，坐多屋出算者，动数十万，人不胜其苦。凡没一间者，杖六十，告者赏钱五十贯，取于其家"。②所谓"两架为一间"，当是指以两架的房屋为一间的标准。架梁越多，每间要交纳的税就越高。《唐会要》卷十七《庙灾变》载光启元

_____

① 《新唐书》卷二四《车服志》，北京：中华书局，1975年，第532页。
② 《旧唐书》卷四九《食货志》下，北京：中华书局，1975年，第2127-2128页。同书卷一三五《卢杞传》所记相同（第3715页）。

年（885）二月宰相郑延昌奏称："太庙大殿十一室、二十二间、十一架"；太常博士殷盈孙议称：在此前，曾以少府监大厅权充太庙，"其厅五间，伏缘十一室于五间之中，陈设隘狭"，陈请接续，"建成十一间，以备十一室荐享之所。其三太后庙，即于监内取西南屋三间，以备三室告享之所"。[①]十一室分隔为二十三间，每间都有十一架，即除正桁（脊梁）外，两面坡各架有五根桁梁。大庙大殿是非常高大的建筑。同书卷十九《百官家庙》载大中五年（851）十一月太常礼院奏议百官家庙之制，谓："三品以上，不得过九架，并厦两头。其三室庙制，合造五间，其中三间隔为三室，两头各厦一间虚之，前后亦虚之。"[②]则所谓"厅厦两头"，是指在正屋的两侧各建有厅与厦；"并厦两头"，当即"两头各厦一间"，也就是两头各有一厦。这里的"厦"，当是指房屋两头向外延伸突出的部分，其功用盖与"厅""庑"大致相同，用以遮蔽风雨、守候宾客。两厦，屋顶即形成悬山顶或歇山顶。

然则，所谓庶人堂舍，不得过三间四架，即最多用四根桁梁（包括主桁）架起屋顶的房屋三间；门屋不得过一间两架，即最多由两根桁梁架起的一面坡屋顶的房屋一间。因此，唐时普通平民（庶人）屋舍的标准规格，仍然是一明二暗，三

---

① 《唐会要》卷十七《庙灾变》，第357页。
② 《唐会要》卷十九《百官家庙》，第391页。

间屋，另有门屋一间。门屋与堂舍之间，即构成院落。正屋三间（一般为三架，不得过四架），当是最常见的农家住宅。《旧唐书》卷一三五《李实传》记贞元十九年（803），李实为京兆尹。二十年春夏旱，关中大歉，实为政猛暴，人穷无告，乃彻屋瓦木，卖麦苗以供赋敛。优人成辅端因戏作语，为秦民艰苦之状，云："秦地城池二百年，何期如此贱田园。一顷麦苗伍石米，三间堂屋二千钱。"[1]则知秦地民户住屋，多为"三间堂屋"。河东人薛渔思撰传奇文《河东记》，述太和八年（834）浙西团练副使韦齐休在润州官舍卒后处分家事，谓其妻曰："适到张清家，近造得三间草堂，前屋舍自足，不烦劳他人更借下处矣。"[2]据下文，知韦齐休向张清所买茔地在京（长安）郊。韦齐休所说"三间草堂"及"屋舍"乃指墓舍，然仍得见出"三间草堂"当是其时最普遍的住宅形式。

白居易在庐山香炉峰下所筑的草堂是"三间五架"。《香炉峰下新卜山居，草堂初成，偶题东壁》诗云：

> 五架三间新草堂，石阶桂柱竹编墙。南檐纳日冬
> 天暖，北户迎风夏月凉。洒砌飞泉才有点，拂窗斜竹

---

① 《旧唐书》卷一三五《李实传》，第3731页。
② 《太平广记》卷三四八《韦齐休》，引《河东记（志）》，北京：中华书局，1961年，第2760页。

不成行。来春更葺东厢屋，纸阁芦帘着孟光。①

三间五架的房屋，乃是品官的住房标准。白居易说"来春更葺东厢屋"，则其初构草堂时，只有三间房屋，后来才增筑了厢房。《别草堂三绝句》中也说："三间茅舍向山开，一带山泉绕舍回。"②则知白居易的草堂位于山泉旁边，并无院落。唐末在荆门出家的尚颜有一首诗，题《赠村公》，句云：

> 绁衣木突此乡尊，白尽须眉眼未昏。醉舞神筵随
> 鼓笛，闲歌圣代和儿孙。黍苗一顷垂秋日，茅栋三间
> 映古原。也笑长安名利处，红尘半是马蹄翻。③

虽然难以判断其所述村庄位于何处，但"茅栋三间"乃是普遍的乡村住宅，却是可以肯定的。

莫高窟第61号窟南壁所绘法华经变共二十三品，其中《譬喻品·火宅喻》中有一幅图，绘有一栋三开间的房屋，屋内有三个孩子，中间一人在跳舞，左右两人伴奏。其所绘是城内的

___FOOTNOTE___

① 顾学颉校点：《白居易集》卷十六《律诗》，北京：中华书局，1979年，第342页。
② 顾学颉校点：《白居易集》卷十七《律诗》，第372页。
③ 《全唐诗》卷八四八，北京：中华书局，1960年，第9602页。

一处房屋，虽然表现为演剧的场面，但房屋本身，应当是当时的普通形式（图27）。①

图27　莫高窟第61号窟南壁所绘法华经变《譬喻品·火宅喻》

（采自敦煌研究院主编：《敦煌石窟全集》第七卷《法华经画卷》，上海：上海人民出版社，2000年，第114页）

三间房屋，中间一间仍得称为"堂"。敦煌所出《王梵志诗·身卧空堂内》云："身卧空堂内，独坐令人怕。我今避头去，抛却空闲舍。""堂"是独坐之处，"内"是身卧之所，

---

① 敦煌研究院主编：《敦煌石窟全集》第七卷《法华经画卷》，上海：上海人民出版社，2000年，第114页。

二者共同构成了"舌"。①《身如内架堂》云："身如内架堂，命似堂中烛。风急吹烛灭，即是空堂屋。"②内架堂，项楚先生注云："'内'疑当作'肉'，'肉架堂'指躯体。"恐不甚妥恰。内、架、堂皆当是宅舍的构成部分。"身如内架堂，命似堂中烛"，意为身体就如房屋一般，而命运则如堂屋里点着的残烛。

四合院或三合院被视为标准的院落形式。隋展子虔的《春游图》绘有两所乡村住宅：一所是三合院，正面为简单的木篱和大门，门内三面都配列有房屋，其中二座用瓦顶，一座格覆以茅草。另外一所为平面狭长的四合院，院子四面都以房屋围绕，没有回廊。③《王梵志诗·生坐四合舍》云：

　　生坐四合舍，死入土角坳。冥冥黑闇眠，永别明灯烛。死鬼忆四时，八节生人哭。

项注："四合舍，四合院。《变文集·搜神记》：'某家人大小闻哭声，并悉惊怖，一时走出往看。合家出后，四合瓦舍，

---

① 项楚：《王梵志诗校注》（增订本）卷二，上海：上海古籍出版社，2010年，第181页。
② 项楚：《王梵志诗校注》（增订本）卷二，第189页。
③ 刘敦桢：《中国住宅概说》，《建筑学报》1956年第4期，第8页。

忽然崩落。其不出者，合家总死。'又：'来至雍州城西五里，望见四合瓦舍赤壁白柱，有青衣女郎在门外而行。'"①所释甚为详悉。又，《好住四合舍》云：

> 好住四合舍，殷勤堂上妻。无常煞鬼至，火急被追催。露头赤脚走，不容得著鞋。向前任料理，难见却回来。有意造一佛，为设百人斋。无情任改嫁，资产听将陪。吾在惜不用，死后他人财。忆想生平日，悔不唱《三台》。②

四合舍的核心是堂。主人死后，其妻若有意则为之造佛设斋，若无情则挟资改嫁。《三台》是饮酒之乐。主人公后悔在世之时不曾宴饮享乐，亦可知其为富裕之家。《富饶田舍儿》：

> 富饶田舍儿，论情实好事。广种如屯田，宅舍青烟起。槽上饲肥马，仍更买奴婢。牛羊共成群，满圈养肫子。窖内多埋谷，寻常愿米贵。里正追役来，坐著南厅里。广设好饮食，多酒劝遣醉。追车即与车，须马即与马。须钱便与钱，和市亦不避。索面驴驮

---

① 项楚：《王梵志诗校注》（增订本）卷二，第196页。
② 项楚：《王梵志诗校注》（增订本）卷二，第201页。

送，续后更有雉。官人应须物，当家皆具备。县官与恩泽，曹司一家事。纵有重差科，有钱不怕你。^①

这是一家乡村富户：宅院里有南厅，用于接待官吏，至少是二进院，南厅当在第一进院内。院落内或旁有马厩、牛羊圈及猪圈，还有藏谷物的地窖。

莫高窟第23号窟南壁《法华经变》一般认为绘于盛唐时期，其《化城喻品》所绘导师（佛）幻化的"城"表现为一座宅院。宅院外筑有高高的夯土围墙，围墙正面门道内有两个男子正往外走；围墙内又有一道围墙，门为单间乌头门，一个女子正从门内走出。所以，这应当是一座二进的宅院。在第一进院的左边，有一栋西厢房。第二进院内，主体建筑是上房三楹，屋内陈设华丽，各有二人，对坐矮桌前，边吃边谈。第二进院上房前，是所谓"七宝铺地"的庭院，院中有人在操办饮食，有人躺在地上休息。围墙外，数骑驰骋在山间小道上，表示取宝人在休息之后，继续向宝地进发（图28）。^②这一幅壁画上所绘制的庭院，更可能是河西走廊丝路古道上的客舍，但它仍然可以见出盛唐时代宅院的基本格局。

---

① 项楚：《王梵志诗校注》（增订本）卷五，第553页。

② 敦煌研究院主编：《敦煌石窟全集》第七卷《法华经画卷》，第76-77页。

图28　莫高窟第23号窟南壁所绘《法华经·化城喻品》

（采自敦煌研究院主编：《敦煌石窟全集》第七卷《法华经画卷》，上海：上海人民出版社，2000年，第77页）

莫高窟第98号窟南壁所绘《法华经·信品解》一般认为绘于归义军时期，其反映的内容是著名的"穷子喻"。壁画上方是一座二进的宅院，四周围以覆瓦的围墙。其大门甚为高大，似为王侯品官之宅。第一进院内有一长者坐在华丽的床上，僮仆奴婢围绕侍奉；第二进院内的主体建筑位于庭院正中，三间，似为一堂二内，主人坐于中间堂内，根据经文的说法，应当是国王。壁画的下方是院落外的马厩，前方有一个木栅门。马厩分为两部分，后部圈马，后部偏上部分有一处草庐，据经文所述，是穷子所居（图29）。①

这当然是富裕人家或小康之家的住宅。贫穷人家则大抵只有一两间草舍。《王梵志诗·世间慵懒人》云：

　　世间慵懒人，五分向有二。例著一草衫，两膊成山字。出语耸头高，诈作达官子。草舍元无床，无毡复无被。他家人定卧，日西展脚睡。诸人五更走，日高未肯起。朝庭数十人，平章共博戏。菜粥吃一杯，街头阔立地。逢人若共语，荒说天下事。唤女作家生，将儿作奴使。妻即赤体行，寻常饥欲死。一群病癞贼，却搦父母耻。日月甚宽恩，不照五逆鬼。②

---

① 敦煌研究院主编：《敦煌石窟全集》第七卷《法华经画卷》，第117页。
② 项楚：《王梵志诗校注》（增订本）卷二，第126页。

图29　莫高窟第98号窟南壁所绘《法华经·信品解》"穷子喻"

（采自敦煌研究院主编：《敦煌石窟全集》第七卷《法华经画卷》，上海：上海人民出版社，2000年，第117页）

　　乡村中颇常见的"慵懒人"，身着粗恶衣衫，叉腰而立，高谈阔论。其家是草舍，入舍即看到没有床，也无毡被，显然没有堂、内之分，大概就是一间房舍。《草屋足风尘》云：

草屋足风尘，床无破毡卧。客来且唤入，地铺稾荐坐。家里元无炭，柳麻且吹火。白酒瓦钵盛，铛子两脚破。鹿脯三四条，石盐五六颗。看客只宁馨，从你痛笑我。①

这一家的草屋到处是灰尘，床上没有毡被，房内也没有桌凳，地上铺着草垫子；客人来了，即席地而坐。房内居中有一处火塘，烧柳、麻取暖。能接待客人的只有鹿脯和石盐。《贫穷田舍汉》云：

贫穷田舍汉，菴子极孤恓。两共前生种，今世作夫妻。妇即客舂捣，夫即客扶犁。黄昏到家里，无米复无柴。男女空饿肚，状似一食斋。里正追庸调，村头共相催。幞头巾子露，衫破肚皮开。体上无裈袴，足下复无鞋。丑妇来恶骂，啾唧搦头灰。里正被脚蹴，村头被拳搓。驱将见明府，打脊趁回来。租调无处出，还须里正偿。门前见债主，入户见贫妻。舍漏儿啼哭，重重逢苦灾。如此硬穷汉，村村一两枚。②

---

① 项楚：《王梵志诗校注》(增订本)卷五，第553页。
② 项楚：《王梵志诗校注》(增订本)卷三，第558页。

菴子，即草屋。这一户乡下人家，夫妻均为人佣工（"客"），家中无米无柴，每天只能吃一顿饭。他们的家，开门即可见到贫妻，大约也无堂、内之分，可能只是一间房。这是村里的贫困户，每村都会有一两家。

莫高窟第31号窟窟顶左侧下部所绘，是《法华经·药王菩萨本事品》的故事：土垣围绕着一个小院，院门是用三根木头拼成的，院内有一间房子，母亲席地坐在里面（没有床）；院内另一个年长的女子，正抱着婴儿。这幅画描绘的是"如子得母"的场景，其背景则正如上引《王梵志诗》所描绘的贫穷田舍之家（图30）。①

莫高窟第61号窟西壁所绘"灵口之店"，位于一条小河旁（河上有桥）。店的四周没有围墙，一栋三开间的房屋孤零零地坐落在路旁。店旁两个人正在推碾磨粮食（图31）。②所绘虽然是一处乡村野店，但推测普通人家的住宅也与此相同。

---

① 敦煌研究院主编：《敦煌石窟全集》第七卷《法华经画卷》，第83页。

② 敦煌研究院主编：《敦煌石窟全集》第二十五卷《民俗画卷》，上海：上海人民出版社，2001年，第70页。

图30　莫高窟第31号窟窟顶左侧下部所绘

《法华经·药王菩萨本事品》"如子得母"

（采自敦煌研究院主编：《敦煌石窟全集》第七卷《法华经画

卷》，上海：上海人民出版社，2000年，第83页）

图31　莫高窟第61号窟西壁所绘"灵口之店"

（采自敦煌研究院主编：《敦煌石窟全集》第二十五卷《民俗画
卷》，上海：上海人民出版社，2001年，第70页）

六、宋元时期普通民户的住宅

（一）住宅规制与屋税

如上所述，即使在唐前期实行均田制时期，官府亦并不普遍向编户齐民配授居住园宅，只是将其固有园宅纳入已受田宅范围内（很多家户的园宅也并未记作居住园宅）。均田制逐步废弛之后，居住园宅更不再授给。《唐会要》卷八五《逃户》录开元十八年（730）宣州刺史裴耀卿论时政上疏，建议择有剩田宽乡的州县安置检括所得客户，作为营田户，"每户给五亩充宅，并为造一两口屋宇"。[1]裴耀卿的建议，是将检括所得的客户，作为营田户，授给五亩田宅，并由官府造作一

---

① 《唐会要》卷八五《逃户》，第1563页。

两口屋宇，说明一般编户，早已不再得给受居住园宅。宝应二年（广德元年，763）九月敕书称："客户若住经一年已上，自贴买得田地，有农桑者，无问于庄荫家住及自造屋舍，勒一切编附为百姓差科，比居人例量减一半。"①客户无论在所依附的主家庄园居住，还是在自己贴买的田地上"自造屋舍"，均非由官府授给。《五代会要》卷二五《逃户》录后唐长兴三年（932）七月二十七日敕，云：

> 应诸处凡有今年为经水潦逃户，庄园屋舍桑枣，一物已上，并可指挥州县，散下乡村，委逐村节级、邻保人，分明文簿，各管见在，不得辄令毁拆房舍，斩伐树木，及散失动使什物等。候本户归业日，却依元数，责令交付讫，具无欠少罪结状，申本州县。……或至来年春入务后，有逃户未归者，其桑土即许邻保人请佃，供输租税。②

逃户所有屋舍庄园，得由乡村节级、邻保照看，归业后仍旧据有，说明官府不再会收回居住园宅。后周显德二年

---

① 《唐会要》卷八五《籍帐》，第1560页。
② 《五代会要》卷二五《逃户》，上海：上海古籍出版社，1978年，第406页。

（955）正月二十五日敕书又明确规定：承佃逃户田产的佃户，"如是自出力别盖造到屋舍，及栽种到树木园圃"，在逃户归业后，"并不在交还之限"。[①]换言之，官府承认业主对自己盖造的屋舍拥有所有权。

因此，宋代的平民住宅，就不再有面积的规定或限制。虽然文献中也频见"一亩宅""三亩宅""五亩宅"的说法，但多为诗人意象，并非实指。如王安石《题友人郊居水轩》云：

> 田中三亩宅，水上一轩开。为有渔樵乐，非无仕进媒。槎头收晚钓，荷叶卷新醅。坐说鱼脮美，功名挽不来。[②]

其所说"田中三亩宅"，只是一种意象，并非确指。正因为此，宋人所说的"园宅""园舍"，多指官僚士大夫的花园与宅舍，而平民之家的宅舍，则一般不再包括园、场。如《续资治通鉴长编》卷二二〇熙宁四年（1071）二月戊辰，"赐恩州防御使宗晟芳林园宅一区，计口给屋"。[③]《能改斋漫录》

---

① 《五代会要》卷二五《逃户》，第406页。
② 王安石：《题友人郊居水轩》，见王安石著、李壁笺注：《王荆文公诗笺注》卷二四，上海：上海古籍出版社，2010年，第571页。
③ 《续资治通鉴长编》卷二二〇，熙宁四年二月戊辰，北京：中华书局，2004年，第5348页。

卷十五《芍药谱》谓扬州"负郭多旷土。种花之家，园舍相望，最盛于朱氏、丁氏、袁氏、徐氏、高氏、张氏，余不可胜记。畦分亩列，多者至数万根。"[①]其所说的"园"，都是指花园。平民之家的宅舍不再与园、场直接相连，相邻人家的宅舍遂可紧密相联，不再隔以园、场，从而使村落内部的紧密程度大为增加。

《宋史》卷一五四《舆服》六《臣庶室屋制度》说，品官之家得称为"宅"，庶民之家但称为"家"。"六品以上宅舍，许作乌头门。父祖舍宅有者，子孙许仍之。凡民庶家，不得施重栱、藻井及五色文采为饰，仍不得四铺飞檐。庶人舍屋，许五架、门一间两厦而已。"[②]庶人舍屋，许五架，较之唐制，增加了一架，即每间房屋有一根平水（脊梁），两侧各二根桁梁，屋顶遂构成对称的人字坡。庶民之屋舍，没有规定间数，盖每家据其经济能力与人口规模各有不同。明钞本天圣令《营缮令》宋五：

> 诸王公以下，舍屋不得施〔重〕（行）栱、藻井，三品以上不得过九架，五品以上不得过七架，并

---

① 吴曾：《能改斋漫录》卷十五《方物》，"芍药谱"，上海：上海古籍出版社，1960年，第459页。

② 《宋史》卷一五四《舆服志》六，北京：中华书局，1977年，第3600页。

〔厅〕（听）廈两头。六品以卜不得过五架。其□
舍，三品以上不〔得〕过五架三间，五品以上不得过
三间两厦，六品以下及庶人不得过一间两厦。五品以
上仍连作乌头大门。父、祖舍宅及门，子孙虽〔荫〕
（阴）尽，仍听依旧居住。①

此条属于"因旧文，以新制参定部分"，是宋代在唐令
基础上参照旧令以新制增删后形成的新令，是宋制。上引《宋
史·舆服志》所云，当即根据此令。与唐令相比，宋令将六品
以下官员与庶人的住宅标准等同，舍屋皆不得过五架，门不得
过一间两厦（即用歇山顶或悬山顶，"并厦两头"）。这
种规定，实际上提高了庶人的住宅标准。

《营缮令》宋六又说："诸公私〔第〕（弟）宅，皆不得
起楼阁，临视人家。"《校证》称："公私《唐会要》卷三一
《杂录》引《营缮令》作'其士庶王公'。《令集解》卷三〇
《营缮令》'私第宅条'无'公'。"②则此令所说之"公私
第宅"，当指"士庶王公"之第宅，并不包括官衙府舍。此

_____

① 天一阁博物馆、中国社会科学院历史研究所天圣令整理课题组校
证：《天一阁藏明钞本天圣令校证》，北京：中华书局，2006年，第188、344
页。
② 天一阁博物馆、中国社会科学院历史研究所天圣令整理课题组校
证：《天一阁藏明钞本天圣令校证》，第188、344页。

条因袭唐令而来，虽略有更动，但内涵并未变化。换言之，根据制度规定，唐宋时期无论品官之家，抑或庶人，皆不得起楼阁，住屋均为平房。

元朝对于庶人住宅的限制更为宽松。《元史·刑法志》"禁令"规定："诸小民房屋，安置鹅项衔脊，有鳞爪瓦兽者，笞三十七，陶人二十七。"[①]这里只是禁止民屋的项脊上使用鳞爪瓦兽与陶人，对于房屋间架并无限制。《元典章》户部五《房屋》"弟兄分争家产事"载：

> 至元十八年四月，中书兵部承奉中书省判送：本部呈："彰德路汤阴县军户王兴祖状告：至元三年，于本处薛老女处作舍居女婿。一十年，此时承替丈人应当军役，置到庄子一所，地一顷，在城宅院一所，计瓦房一十二间，人五口，白磨一盘。有兄王福等作父祖家财均分"，等事。本部参详，自来止是弟兄争告父、祖家财，别无弟兄相争各置己业。又照得旧例："应分家财若因官及随军或妻家所得财物，不在均分之限。"若将王兴祖随军梯己置到庄宅人口等物，令王兴祖依旧为主外，据父祖

---

① 《元史》卷一〇五《刑法志》四《禁令》，北京：中华书局，1976年，第2682页。

直到产业家财，与伊兄王福依理均分相应。都省准呈，送本部依上施行。①

王兴祖作为薛家的上门女婿，承替丈人的军户身份，应役从军，后来置产，有庄园一所，一顷地，人（当是庄客奴婢，并非其家人）五口，一盘磨，在汤阴县城有一所宅院，瓦房十二间。王兴祖的宅院房屋甚多，远超过唐代庶人住宅不过三间的规定。元朝官府并不以为违制，说明元代本无庶人住宅间数的限制。

自从建中四年（783）六月，征收房屋税（"税屋间架"）以来，城乡住宅房屋税似即断续征收。李商隐《行次西郊作一百韵》述开成二年（837）从梁州（汉中）回长安沿途所见，谓"依依过村落，十室无一存。存者皆面啼，无衣可迎宾。"而战事频仍，军需日亟，"朝廷不暇给，辛苦无半年。行人搉行资，居者税屋椽。中间遂作梗，狼藉用戈铤"。② "行人搉行资"，是指向行商征收通行税；"居者税屋椽"，是指向居民征收房屋税。根据李商隐的描述，村落民

① 《大元圣政国朝典章》卷十九，户部卷五《田宅》，北京：中国广播电视出版社，1998年，影印本，第742—743页。
② 李商隐：《行次西郊作一百韵》，见刘学锴、余恕诚：《李商隐诗歌集解》，"编年诗"，北京：中华书局，2016年，第153—156页。

户似乎也需要交纳房屋税。《旧五代史·晋书·少帝本纪》记天福七年（942）八月庚午，"诏免襄州城内人户今年秋来年夏屋税，其城外下营处与放二年租税"。[①]同书《汉书·高祖本纪》天福十二年六月戊辰敕书大赦并放免诸州去年残税，"东、西京一百里外，放今年夏税；一百里内及京城，今年屋税并放一半"。[②]放免襄州城内或京城及京畿百里内屋税，正说明其地（**包括京畿百里内的乡村**）本当征收屋税，而未得放免各地更是继续征收屋税。《五代会要》卷二七《盐铁杂条》载后周广顺二年（952）九月十八日敕，规定："州城、县镇、郭下人户，系屋税合请盐者，若是州府，并于城内请给；若是外县镇、郭下人户，亦许将盐归家供食。仰本县预取逐户合请盐数目，攒定文帐，部领人户请给，勒本处官吏及所在场务，同点检入城。若县镇郭下人户城外别有庄田，亦仰本县预前分劈开坐，勿令一处分给供使。"[③]同书卷二六《盐》录广顺三年十二月敕："诸州府并外县镇城内，其居人屋税盐，今后不俵，其盐钱亦不征纳。所有乡村人户合请蚕盐，所在州城县镇严切检校，不得放入城门。"[④]其所说"系屋税"

---

① 《旧五代史》卷八一《晋书·少帝纪》，《点校本二十四史修订本》，北京：中华书局，2015年，第1245页。
② 《旧五代史》卷一〇〇《汉书·高祖纪》，第1559页。
③ 《五代会要》卷二七《盐铁杂条》，第428页。
④ 《五代会要》卷二六《盐》，第419页。

的城镇郭下户，与诸州府县镇城内的"居人屋税"者，皆当指府州县镇城的郭下人户（即坊郭户），而郭下户是要交纳屋税的。

宋代沿用五代以来的政策，继续征收城镇坊郭户的房屋税。《宋史》卷一七四《食货志》上二《赋税》综述宋代赋税之制，云：

> 宋制岁赋，其类有五：曰公田之赋，凡田之在官，赋民耕而收其租者是也。曰民田之赋，百姓各得专之者是也。曰城郭之赋，宅税、地税之类是也。曰丁口之赋，百姓岁输身丁钱米是也。曰杂变之赋，牛革、蚕盐之类，随其所出，变而输之是也。[①]

所谓"民田之赋"即夏秋两税，城郭之赋即宅税、地税。其中，宅税即房屋税。《续资治通鉴长编》卷六记乾德三年（965）二月丙午，"诏以西师所过，民有调发供亿之劳，赐秦、凤、陇、成、阶、襄、荆南、房、均等州今年夏租之半，安复郢邓州、光化汉阳军十之二，居坊郭者勿输半年屋税"。[②]《宋史·李处耘传》说讨平李重进之后，李处耘被任

---

① 《宋史》卷一七四《食货志》上二，第4202页。
② 《续资治通鉴长编》卷六，乾德三年二月丙午，第149页。

为扬州知州，"大兵之后，境内凋弊，处耘勤于绥抚，奏减城中居民屋税，民皆悦服"。①然则，山南、淮南府州军城中的坊郭户是要纳屋税的。《续资治通鉴长编》卷四七咸平三年（1000）四月己未下记李允则治潭州事迹，谓：

> 允则始至州，大火，民无居舍，多冻死。允则亟取官竹假民为屋，及春而偿，民无流徙，官用亦不乏。初，马氏暴敛，州人岁出绢，谓之地税。及潘美定湖南，计屋每间输绢丈三尺，谓之屋税。营田户给牛，岁输米四斛，牛死犹输，谓之枯骨税。民输茶，初以九斤为一大斤，后益至三十五斤。允则请除三税，茶以三十斤半为定制。又山田可以蒔禾，而民惰不耕，乃下令月给马刍皆输本色，由是山田悉垦。②

《宋史·李允则传》记其事，作：

> 初，马氏暴敛，州人出绢，谓之地税。潘美定湖南，计屋输绢，谓之屋税。营田户给牛，岁输米四斛，牛死犹输，谓之枯骨税。民输茶，初以九斤为一

---

① 《宋史》卷二五七《李处耘传》，第8961页。
② 《续资治通鉴长编》卷四七，咸平三年四月己未，第1012页。

十斤，后益至二十五斤」允则请除二税，某以十二斤半为定制，民皆便之。湖湘多山田，可以艺粟，而民惰不耕。乃下令月所给马刍，皆输本色，由是山田悉垦。①

宋朝平定湖南，事在乾德元年（963）。马楚时，湖南普通民户的地税（田租）即纳绢；故潘美知潭州，屋税亦纳绢，以每间输一丈三尺为标准，则三间即输四丈。纳屋税的当是城内的坊郭户；输枯骨税的当是营田户。此言李允则请除地税、屋税与枯骨税等三税，据李焘原注，"蠲牛税在四年八月丙午"，似乎真正免除的只是枯骨税。地税与屋税或有减免，全除则恐未必。《续资治通鉴长编》卷五九景德二年（1005）夏四月癸未，"免瀛州居民二年屋税，僧尼曾经城守者，赐以紫衣，诸寺院各度一人"。②据上下文记事，知其时得免除屋税二年者，乃是瀛州城内的居民。大中祥符元年（1008）十月癸丑，以封禅事，大赦天下，"兖、郓州免来年夏秋税及屋税，仍免二年支移税赋工役。所过州县免来年夏屋税十之五，河北、京东军州供应东封者免十之四，两京、河北免十之三，诸路免十之二，屋税并永免折科。德清、通利军例外更给

---

① 《宋史》卷三二四《李允则传》，第10479页。
② 《续资治通鉴长编》卷五九，景德二年四月，第1327页。

复一年"。①屋税与夏秋税并列，前者当指城郭居民所当纳的房屋税，后者则是乡村民户当纳的夏秋二税。至大中祥符六年五月，升建安军为真州，"真州放今年夏税十之三、屋税十之二"。②也是将夏税与屋税并列。《宋大诏令集》卷一四三庆历七年（1047）七月甲申《奉安三圣御容于鸿庆宫曲赦南京德音》大赦南京畿内，应天府"诸县夏税特减五分，坊郭户屋税钱特支五分"，③则明确说屋税钱是向坊郭户征收的。

屋税盖沿袭唐时制度，以间架为根据。《建炎以来系年要录》卷九五绍兴五年（1135）十一月庚午，"诏诸路州县出卖户帖，令民间自行开具所管地宅田亩间架之数，而输其直，仍立式行下。时诸路大军多移屯江北，朝廷以调度不继，故有是请焉"。④户帖中注明"地宅田亩间架之数"，其中"间架之数"是指"宅"。《宋会要辑稿》食货四之十一政和二年（1112）十月二十七日，河北东路提举常平司奏：

检承崇宁《方田令》节文：诸州县寨镇内屋税，

---

① 《续资治通鉴长编》卷七〇，大中祥符元年十月癸丑，第1572–1573页。

② 《续资治通鉴长编》卷八〇，大中祥符六年五月辛丑，第1826页。

③ 《宋大诏令集》卷一四三，庆历七年七月甲申，《奉安三圣御容于鸿庆宫曲赦南京德音》，北京：中华书局，1962年，第518页。

④ 《建炎以来系年要录》卷九五，绍兴五年十一月庚午，上海：上海古籍出版社，2018年，第1615页。

据紧慢十等均定，并作见钱。本司契勘本路州县城郭屋税，依条以冲要闲慢，亦分十等，均出盐税钱。且以未经方量开德府等处，每一亩可〔盖〕（尽）屋八间，次后更可盖覆屋，每间赁钱有一百至二百文足，多是上等有力之家；其后街小巷闲慢房屋，多是下户些小物业，每间只赁得三文或五文，委是上轻下重不等。今相度州县城郭屋税，若于十等内据紧慢，每等各分正次二等，令人户均出盐税钱，委是上下轻重均平，别不增损官额，亦不碍旧来坊郭十等之法。余依元条施行。[1]

至四年正月十三日，河北东路提刑司奏称："开德府南北二城屋税，曾经元丰年定量裁定十等税钱，后来别无人户论诉不均。今来方田官依政和二年十月朝旨，立定正次二十等，递减五厘，均定税钱，委与元丰年所定则例，上轻下重不均。"[2] 则知坊郭房屋分为十等交纳屋税之法，至迟在元丰年间已经确定；所谓崇宁《方田令》，当即根据元丰《方田令》而来。政和二年开德府南北二城屋税征收，不过是将原来的十等改为

① 《宋会要辑稿》食货四之十一，北京：中华书局，1957年，影印本，第4851页。
② 《宋会要辑稿》食货四之十三，第4852页。

二十等。盐税钱本当按户交纳，在城镇中亦根据房屋数量及其等次交纳，即"系屋税"（在乡村，则"系田赋"）。因此，对于坊郭户来说，居屋间数、等次乃成为最重要的事产。《宋会要辑稿》食货六三之十三载绍兴二十六年（1156）十一月十九日两浙路转运判官李邦献言："欲乞将潭州城内空闲地段及已耕成菜园、麦地，并许土著、流寓官户、百姓之家经官指占，兴造舍屋。其地租、屋税并元业应干税赋、和买，并特予蠲免数年。"诏令刘琦措置施行。[1]潭州城内的空闲地段，当属于官地，故于其上建立舍屋，须向官府交纳地租（不是田赋）；若其所用宅基地原有业主，故业主应纳的税赋、和买钱等，当由新舍屋的主人承担。除此之外，舍屋主人还要交纳屋税，这是制度的规定。李邦献上言，请求蠲免数年上述赋税。

元代则一般不向府州军县城镇坊郭户征收屋税，而改以征收房屋交易税。胡祗遹在论及"民间疾苦状"时，说"税屋间架"为民间所苦之事，注云："古今并无此例。木植苫灰丁线已行税讫，今又税屋，甚为重并。"[2]根据胡祗遹的说法，屋税似已久不征收，元中期复又征收，故视为弊政。《元典章》卷二二《户部》卷八《杂课》"以典就卖税钱"条载：

① 《宋会要辑稿》食货六三之十三，第5993页。
② 胡祗遹：《杂著》，"民间疾苦状"，见《吏学指南（外三种）》，杭州：浙江古籍出版社，1988年，第241页。

至元四年四月，制国用使司："〔来申：〕'高二买陈县丞房屋，该价钱市银三十一定，合税钱三十四两四钱四分。有高二男高大言，契上先典价钱市银六百五十两，已经税讫，外据贴根契价市银九百两，合该税钱二十两，即时纳讫。余上先典价合出钞一十四两四钱四分，不肯出纳。乞明降。'制府合下，仰依验实该价钱市银三十一定取要税钱。"承此。①

　　高二"典"陈县丞房屋，根据典价，纳交易税二十两；后来改"典"为"买"，须补纳税十四两四钱四分。其所买房屋市价银三十一锭，以每锭五十两计，约合1550两，税率约为2.2%。按照典价650两、纳税20两计算，税率约为3.1%。

（二）住宅间数及其格局

　　熙宁五年（1072）三月下旬，日本入宋求法巡礼僧人成寻乘船从舟山群岛海域进入宋境。二十七日，其所乘船舶停靠小

---

　　① 《元典章》卷二二《户部》卷八《杂课》，"以典就卖税钱"，北京：中华书局，2001年，第901页。此条材料承武汉大学历史学院博士研究生吴丹华检出，特此致谢。

均山（今小衢山岛，考另详）。成寻描述说：小均山"有四浦，多人家。一浦有十一家，此中二宇瓦葺大家，余皆萱屋。有十余头羊，或白或黑斑也"。[①]萱屋，当即草屋。萱，是鹿葱。小均山四浦中，一浦有十一家，其中两家为瓦葺，其余均为草屋。四月十三日，成寻到达杭州城外钱塘江边的凑口，"津屋皆瓦葺，楼门相交"，由凑口转入运河，"河左右，家皆瓦葺，无隙，并造庄严"。凑口当是杭州至萧山间的渡口。杭州城外，沿运河至渡口的房屋，皆为瓦葺，各家房屋相联。十四日，成寻沿运河进入杭州城，"申时，著问官门前。见都督门，如日本朱雀门。左右楼三间，前有廊并大屋，向河悬帘，都督乘船时屋也"。[②]都督（当是指杭州知州）候船用的大屋，是楼阁式建筑，左右各三间。杭州城外的官私房屋，大抵皆为瓦葺，面河开门，多无院落。

一般认为，北宋末年绘制的《千里江山图》（王希孟绘），反映的是江南景色，其中所绘的建筑物，并非具体的现实的建筑物，而是当时人们常见的建筑形象，所以具有一定的概括意义。画中所表现的住宅有数十幢，根据傅熹年先生的总结，其较小而简单的住宅，在画中表现最多，主要表现为一

---

① 成寻著、王丽萍点校：《新校参天台五台山记》卷一，上海：上海古籍出版社，2009年，第11-12页。

② 成寻著、王丽萍点校：《新校参天台五台山记》卷一，第21-22页。

字形、曲尺形和↳形、丁字形三种半面形式。一字形住宅都是三间两椽的建筑，估计进深在2.5米-3米，是很小的建筑。曲尺形住宅是由两栋房屋相连成曲尺形，一为瓦顶，一为草顶；↳形住宅实际上是在曲尺形住宅再加建一翼而成。丁字形住宅是由两栋房屋垂直连接，构成丁字形，门或者开在丁字的横上，或者开在丁字的竖上。曲尺形、丁字形住宅中的每一栋房屋，则皆由三间或两间构成。这些基本上可信是较为简陋的农民住宅，也有不少超过了三间的规制。工字形住宅，在画中也表现很多，都是前堂后室（**面阔均为三间**）中间连以主廊，有些在周围装篱或栅，围成院落（图32）。大型的住宅，多以工字厅为主体，其周围加筑辅助建筑，组成庭院。无论较小的住宅，还是中大型的庭院，其单体的房屋多以三间为主，五间较少，极个别的为七间。屋顶进深一般为二椽或四椽（**即三架或五架**），绝大部分都是悬山顶（**宋代称为"两厦"或"并厦两头"**）。[①]

一堂二内式的三间房屋，仍应当是较为标准或较为理想的平民住宅。绍圣四年（1097），苏轼被贬为琼州别驾，安置昌化军。苏辙在为其兄苏轼所作的墓志铭中说：

（绍圣）四年，复以琼州别驾安置昌化。昌化非

---

① 傅熹年：《王希孟〈千里江山图〉中的北宋建筑》，《故宫博物院院刊》1979年第2期。

图32 《千里江山图》所绘乡村院落（一）

（采自《宋画全集》第一卷第二册，《千里江山图》，杭州：浙江大学

出版社，2010年，第98-141页）

179

人所居，食饮不具，药石无有，初僦官屋以庇风雨，有司犹谓不可，则买地筑室，昌化士人畚土运甓以助之，为屋三间。[1]

杨万里在《诚斋诗话》中自述其先祖贫，"尝作小茅屋三间，而未有门扉"，向其族中杨元卿求助一扉。元卿咏绝句送之云："三间茅屋独家村，风雨萧萧可断魂。旧日相如犹有壁，如今无壁更无门。"[2]三间茅屋只有一个门扉，显然门居中间，而有门扉的一间正是堂。"壁"当指隔间的墙壁。杨万里先祖营造的三间茅屋，分为三间，各间之间却无壁隔开，实际上成为一大间通屋。在陆游诗中，"茅屋三间"乃是最常见的乡村住宅图景。如《东西家》：

东家云出岫，西家笼半山。西家泉落涧，东家鸣佩环。相对篱数掩，各有茅三间。芹羹与麦饭，日不废往还。儿女若一家，鸡犬意自闲。[3]

① 苏辙：《栾城后集》卷一五《墓志铭一首》，"亡兄子瞻端明墓志铭"，见曾枣庄、马德富校点：《栾城集》，上海：上海古籍出版社，2009年，第1410—1423页，引文见第1421页。
② 杨万里：《诚斋诗话》，见杨万里著，王琦珍整理：《杨万里诗文集》卷一一四《诗话》，南昌：江西人民出版社，2006年，第1803页。
③ 陆游：《剑南诗稿》卷三七《东西家》，见《陆游集》第二册，北京：中华书局，1976年，第956页。

这是住在山半腰的两户人家，相隔一条山涧，各有茅屋三间，屋外围着篱笆（图33）。《村居遣兴》之二句云："万里征途兴已阑，三间破屋住犹宽。"[1]陆游的住宅，并非只有三间破屋，诗中所云，乃是一种乡村住宅的意象。谭刚毅、赵和生也总结说："陆游在临安的'三间小屋子'是当时最大量的住宅单体形式，主要格局便是一堂二内式。"[2]所说应当是确当的。

贫穷人家的住宅则只有两间乃至一间。《梦溪笔谈》卷九《人事》载：

> 颍昌阳翟县有一杜生者，不知其名，邑人但谓之"杜五郎"。所居去县三十余里，唯有屋两间，其一间自居，一间其子居之。室之前有空地丈余，即是篱门。杜生不出篱门凡三十年矣。[3]

---

① 陆游：《剑南诗稿》卷五八《村居遣兴》之二，见《陆游集》第三册，北京：中华书局，1976年，第1417页。

② 谭刚毅、赵和生：《两宋时期的中国民居与居住形态》，南京：东南大学出版社，2008年，第31页。

③ 《元刊本梦溪笔谈》卷九《人事》一，北京：文物出版社，1975年，影印本，第十四页下。

图33 《千里江山图》所绘乡村院落（二）

（采自《宋画全集》第一卷第二册，《千里江山图》，杭州：浙江大

学出版社，2010年，第98–141页）

两间住屋，没有堂，室前是狭窄的庭院，用篱笆围起来，这种格局，可能相当普遍。《宋会要辑稿》食货二《营田杂录》记绍兴六年（1136）正月都督行府措置江淮屯田，招庄客承佃官田，以五家相保为一庄，"每庄盖草屋一十五间（**每间破钱三贯**），每一家给两间，余五间准备顿放斛斗"。[①]《宋会要辑稿》食货三之一七记乾道五年（1169）正月，受命前往调查淮南官田的无为知军徐子寅报告说：楚州淮阴、宝应、山阳、盐城四县的官田招徕庄客，"每名给田一顷，五家结为一甲，内一名为甲头，并就种田去处随其顷亩人数多寡，置为一庄。每种田人二名，给借耕牛一头，犁杷各一副，锄、锹、镢、镰刀各一件。……每一家用草屋二间，两牛用草屋一间；每种田人一名，借种粮钱十贯文省，趁二月初一日开垦使用"。[②]食货六三之一五五记淳熙十年（1183）湖广、京西措置屯田，也是"佃户每家官给草屋三间，内住屋二间，牛屋一间，令就本屯官兵计置起盖"。[③]则屯田所招庄客的标准配置，是每户三间草屋，而实际分配给庄客使用的，则只有两间。

① 《宋会要辑稿》食货二之一五，第4832页。
② 《宋会要辑稿》食货三之一七，第4844页。另请参阅楼钥：《楼钥集》卷九六《行状·直秘阁广南东路提点刑狱公事徐公行状》，《浙江文丛》本，第5册，杭州：浙江古籍出版社，2010年，第1675页。
③ 《宋会要辑稿》食货六三之一五五，第6064页。

《名公书判清明集》卷六《户婚门》"赎屋"载:"阿章绍定年内,将住房两间并地基作三契,卖与徐麟,计钱一百五贯。当是时,阿章,寡妇也;徐鼎孙,卑幼也。阿章固不当卖,徐麟亦不当买。但阿章一贫彻骨,他无产业,夫男俱亡,两孙年幼,有可鬻以糊其口者,急于求售,要亦出于大不得已也。……据阿章供称,见与其孙居于此屋,初不曾离业。"[①]寡妇阿章带着两个孙子,居住在夫、男留下的两间住房里(**虽已出卖,盖无别处居住,仍留住原宅**)。两间住屋,当是阿章家的主要产业。同书卷《争田业》"争业以奸事盖其妻"条说:绍定四年(1231),孙斗南以园地一角三十步卖与叔孙蜕;绍定五年,孙斗南再以园地二角、草屋三间典与叔孙岑男孙兰。[②]草屋三间、园地三角,当是孙斗南的部分家产,而房屋以三间为一个单位典卖,显然是一栋单独的住宅。

贫寒士人的住宅也可能很小。《名公书判清明集》卷六《户婚门·争屋业》"谋诈屋业"条记学谕陈国瑞、陈闻诗父子,以假馆养贫,初无室庐可以聚居托处。嘉定十三年(1220),陈氏父子租赁沈宗鲁、沈密书院屋宇三间而居。宝

---

① 《名公书判清明集》卷六《户婚门》"赎屋","已卖而不离业"条,北京:中华书局,1987年,第164页。
② 《名公书判清明集》卷六《户婚门》"争业","争业以奸事盖其妻"条,第180页。

庆二年（1226）春，沈宗鲁将上述三间屋宇中的一间半，典与陈国瑞，契约载明，"所典屋与基地系陈学谕在内居止"。宝庆三年冬，沈密将余下的一间半并典与陈国瑞，契书亦云："其屋原系陈学谕居住，所有房门板障，乃陈学谕自己之物。"无论是租，还是典买，陈氏父子实际居住的，就是这三间房，故判词云："陈国瑞赁居多年，今从赁至典，正合条法。寒士费几经营，仅仅得此。"[①]陈国瑞时年已八十余，长年坐馆教书，父子二人（**应当有两代人，甚至更多**）只有三间房屋居住。

上海图书馆家谱馆藏《富溪程氏祖训家规封邱渊源合编》之《高岭祖墓渊源录》中，录有嘉定十三年（1220）九月《买郑悔地屋契》一种（**实际上是《郑悔卖地屋契》**），载明"崇化乡郑悔今同嫂侄等商议，情愿将户下高岭七十二号二等山桑地一片，计两角一十一步"等，"并火人茅屋三间两落门窗户扇等，一概出卖与休宁县程学正名下，取价钱官会二百二十贯文"。据同谱所存宝庆元年（1225）十月《立程竹山知县户帖》，郑悔卖给程氏的高岭土地包括"二等平桑地二角一十一步，又二等平桑地乙么三角十步，火人基地二角五十三步"，"合起产钱七文，绢三寸口分，盐九勺三抄，绢

---

① 《名公书判清明集》卷六《户婚门》"争屋业"，"谋诈屋业"条，第192–193页。

一寸二分，卅四贯五百八十文"。[1] "火人"当即"伙人"，亦即佃客。"火人茅屋"当是供佃客居住的草屋。郑家所有的火人茅屋，由两栋（**两落**）构成，共三间（应是**一落两间、一落一间**），基地面积是二角五十三步。上引《宋会要辑稿》食货四之十二政和二年河北东路提举常平司奏中说每亩地上可以盖屋八间。那么，三间房屋的基地即大约在三分地稍多一点（**郑家的火人茅屋基地显然要小一些**）。宋亩比今亩略小，三分地大约相当于200平方米左右（**包括庭院**）。

上引成寻、杨万里等人的描述中，没有提及围垣或藩篱，似乎是直接见到了宅屋。而在沈括、陆游等人的描述里，则均提及篱与篱门。由《千里江山图》所绘宅院看，大部分宅屋周围均有篱笆墙，然未必环绕，而是依地形需要，断续相连。

虽然在图画与诗文中，围绕房舍的多是篱笆，但事实上，也有很多是用土石夯筑而成的围垣。陆游《农家》诗云："低垣矮屋倚江流，浑舍相娱到白头。"[2]是说江边的一座村舍，矮屋数间，围以低垣。又，《与儿子至东村遇父老共语因作小诗》："桑竹穿村巷，衡茅隔土垣。"[3]村子的街巷边植满

---

① 冯剑辉：《宋代户帖的个案研究》，《安徽史学》2018年第3期。
② 陆游：《剑南诗稿》卷二四《农家》，见《陆游集》第二册，第667页。
③ 陆游：《剑南诗稿》卷四十《与儿子至东村遇父老共语因作小诗》，见《陆游集》第三册，第1029页。

桑、竹，住宅之间以衡茅或土垣相隔。

园、场则当是住宅的附属设施。陆游《暮秋》诗之五句云：

> 舍前舍后养鱼塘，溪北溪南打稻场。喜事一双黄
> 蛱蝶，随人来往弄秋光。①

舍前舍后的养鱼塘，大致即相当于北方旱作农家的园。打稻场
则位于溪南或溪北，显然是为了运送稻谷方便。

元代汉人平民的住宅与宋代相比，基本相同。《元典章》
卷四三《刑部》卷五《烧埋》"女孩儿折烧埋钱"条：

> 至元二十四年江西行省据袁州路申：潘七五打
> 死张层八，除犯人因病身死、事据合征烧埋钱钞，责
> 得犯人亲属谢阿杨状供：除伯潘七五生前上有小女一
> 名，及第屋三间、陆田山地一段计二亩七分，系兄弟
> 潘七八等四分承管外，别无事产、人口、头足，若将
> 前项田产尽数变卖，尚不及数。合无将潘七五小女一
> 名，钦依元奉圣旨事意，给付苦主，乞明降事。省府
> 相度：既是潘七五名下事产变卖不及合征烧埋钞数，

---

① 陆游：《剑南诗稿》卷五九《暮秋》，见《陆游集》第三册，第1427页。

即将潘七五小女孩一名，钦奉圣旨事意，就便断付苦主收管施行。[①]

潘七五生前有山地二亩七分，小女一名，当属于下等户，然仍得有住屋三间。杨果《〔仙吕〕赏花时》描述江边人家，谓：

见一簇人家入屏帐，竹篱折，补苫墙。破设设柴门上张着破网。几间茅屋，一竿风旆，摇曳挂长江。[②]

贯云石《水仙子·田家》云："绿阴茅屋两三间，院后溪流门外山，山桃野杏开无限。怕春光虚过眼，得浮生半日清闲。邀邻翁为伴，使家僮过盏，直吃的老瓦盆干。"[③]汤式（舜民）《送车文卿归隐》："愁甚么负郭田无二顷，喜的是依山屋有三间。"[④]胡用和《隐居》："左右依两壁山，横竖盖三间屋。高低田五六亩，周围柳数十株。"[⑤]凡此，虽皆为诗人意

---

① 《元典章》卷四三《刑部》卷五《烧埋》"女孩儿折烧埋钱"条，第1625页。
② 隋树森编：《全元散曲》，北京：中华书局，1964年，第8页。
③ 隋树森编：《全元散曲》，第372页。
④ 隋树森编：《全元散曲》，第1535页。
⑤ 隋树森编：《全元散曲》，第1635页。

象，但仍反映出三间、两间茅屋乃是元时普通百姓较为普遍的住宅形式。

王晓欣、郑旭东整理公布了上海图书馆藏宋刊元印本《增修互注礼部韵略》纸背公文纸资料所留存的元代湖州路部分户口事产登记，并将之定性为户籍文书。[①]这批户籍文书所记民户，大都注明是至元十二年（1275）十二月归附，并注明其在"亡宋时"的身份。其下则分别载明其户口、事产与营生。就各户在"亡宋时"身份及著录时所作营生而论，这些户可分为匠户与民户两大类。匠户一般在宋时即为匠户，著录文书时的营生仍为匠户。

匠户如：

（1）王万四户，元系湖州路安吉县浮玉乡六管施村人，为漆匠户。全家6口：王万四本人，69岁；妻徐一娘，70岁；其弟王十三，35岁，无妻；男王万十，42岁；男妇叶三娘，30余岁；孙女王娜娘，9岁。有田土地27亩9分5厘，其中水田2亩1分5厘，陆地8分，山25亩。孳畜黄牛一头。其房舍是瓦房二间。这是一个较为富裕的人家，其所有的25亩山地大约植有漆

---

① 王晓欣、郑旭东：《元湖州路户籍册初探》，《文史》2015年第1辑；郑旭东：《元代户籍文书系统再检讨——以新发现元湖州路户籍文书为中心》，《中国史研究》2018年第3期；王晓欣、郑旭东、魏亦乐编著：《元代湖州路户籍文书》，北京：中华书局，2021年。

树。

（2）王万六户，元系湖州路安吉县浮玉乡六管施村人，为漆匠户。全家4口：王万六本人，57岁；妻朱八娘，49岁；男王双儿，6岁；另有妇人1名，不详为何人。有田土10亩9分，其中水田1亩3分，陆地4分，山9亩2分。房舍：瓦房一间。这应当是一个核心家庭，住在一间房里。

（3）佚名户，籍属缺，锯匠。全家3口：户主本身，40岁；男陈千四，13岁；母亲钱二娘，75岁。他们有田土地9亩7分5厘，其中水田5分，陆地1亩8分，山7亩4分5厘。房舍：瓦屋二间。这户人家虽然只有三口人，却分属三代。

（4）卢千十户，元系湖州路安吉县浮玉乡陆管东卢村人，匠户。全家2口：本身，57岁；男卢万四，12岁。有田土2亩6分5厘，其中水田2分5厘，陆地2亩4分。房舍：瓦屋二间。

（5）佚名户，籍属缺。全家4口：户主本身，41岁；妻施四十娘，35岁；男俞北四，12岁；男俞婆儿，5岁。事产包括地土1亩2厘，其中陆地5分2厘，山5分。有瓦屋二间。

（6）岳廿四户，元系湖州路安吉县浮玉乡一管三户村人，宋时为泥水匠，现仍以泥水匠为营生。全家2口：本身，75岁；妻沈氏，68岁。有地土2亩6分，其中陆地5分，山2亩1分。房舍：瓦屋二间。

（7）俞三乙户，元系湖州路安吉县浮玉乡一管三户村人，絮匠户。家有2口：本身，72岁；妻阿□，77岁。有田土7亩3分5厘，其中水田5分，陆地4亩7分6厘，山2亩9厘。房舍：瓦屋二间。

（8）佚名户，籍属缺，营生为絮匠。全家4口：户主本身，45岁；母郎双娘，71岁；弟俞万三，30余岁；侄俞十六，5岁。有地土3亩6厘，其中陆地2亩1分6厘，山9分，及孳畜黄牛1头。房舍：瓦屋二间一步。这户人家虽只有4口，结构却颇为复杂。他们共住在两间瓦屋中，另有一个披间（**"步"当即"披"**）。

（9）胡十三户，元系湖州路安吉县浮玉乡一管三户村人，匠户。全家有9口人：本身，59岁；妻陈二娘，50岁；母亲俞千二娘，75岁；男胡廿六，42岁；男妇章七四娘，30岁；男胡千一，30岁；男妇施六娘，20余岁；孙胡双顶，8岁；孙胡小娜，2岁。有田土15亩7分4厘，其中水田3亩4厘，陆地9亩7分，山3亩。房舍：瓦屋五间一步（**披**）。这是一个大家庭，四代9口人，共居于五间瓦房中（**另有一间披灶间**）。其所有的田产也不算多，更非品官之家。

（10）俞二十一一户，元系湖州路安吉县浮玉乡一管俞村人，锯匠户。全家3口：本身，69岁；妻朱二娘，70岁；男俞五八，35岁。有地土13亩7分8厘，其中陆地2亩4分8厘，山11亩

3分。房仓．瓦屋二间。[1]

民户如：

（1）潘十二户，元系湖州路安吉县浮玉乡五管上市村人，民户。全家9口：本身，70岁；男万七，30岁；男万九，25岁；侄妇姚一娘，40岁；侄妇姚二娘，30岁；侄孙大丑，13岁；侄孙小丑，9岁；侄女孙丑娘，2岁；侄多儿，6岁。有田土46亩6分，其中水田7亩5分，陆地10亩1分，山29亩。孳畜：黄牛二头。房舍：瓦屋二间。[2]这户人家的组成颇为复杂，一起住在二间房里，难以理解。潘十二户下的侄妇姚一娘、二娘以及侄孙等6人，可能并不与潘十二父子3人同居在一起，而是另外一个家庭，盖无成丁男性作为户主，故附列于潘十二户名下。

（2）施小一户，元系湖州路安吉县移风乡五管坎头村人，民户，"见于本村住坐，应当民〔役〕"，以养种（当指养蚕耕种）为营生。全家2口：本身，62岁；母亲惠一娘，81岁。有地土5亩4分，其中陆地3亩9分，山1亩5分。房舍：瓦屋

① 王晓欣、郑旭东：《元湖州路户籍册初探》，《文史》2015年第1辑，第107－114页；王晓欣、郑旭东、魏亦乐编著：《元代湖州路户籍文书》，第三册，第664－673页。

② 王晓欣、郑旭东：《元湖州路户籍册初探》，《文史》2015年第1辑，第123页；王晓欣、郑旭东、魏亦乐编著：《元代湖州路户籍文书》，第三册，第688－689页。

一间。施小一与年迈的母亲一起生活，田地也不多，应当是下等户。

（3）施二十九户，元系湖州路安吉县移风乡五管坎头村人，民户，以养种为营生，"见于本村住坐，应当民役"。只有1口人，即施二十九本人，46岁。有田土13亩8厘，其中水田8厘，陆地2亩，山11亩。房舍：瓦屋一间。

（4）施百一户，元系湖州路安吉县移风乡五管坎头村人，民户，以养种为营生，"见于本村住坐，应当民役"。也只有施百一1人，45岁。有田土13亩2分5厘，其中水田3亩4分5厘，陆地2亩8分，山7亩。房舍：瓦屋一间。

（5）施千五户，元系湖州路安吉县移风乡六管塘里村人，民户，以养种为营生，"见于本管住坐，应当民役"。全家12口：本身，66岁；妻王三娘，61岁；长男施十八，50岁；男妇姚五娘，48岁；次男施六，19岁；男妇陈三娘，16岁；次男施胖儿，14岁；侄施五，24岁；孙男施观德，10岁；孙男施卸儿，7岁；孙女施妹娘，5岁；孙男施娜儿，2岁。事产有田土1顷47亩5分5厘，其中水田19亩5分，陆地8亩1分2厘，山1顷19亩9分3厘；房舍：四间，内瓦屋、草屋各二间。这是一个富裕的大家庭，三代12口人（包括一个未成家的侄子）居住在

194

四间房屋里。[1]

（6）杨四十户，元系湖州路安吉县移风乡二管壁门村人，民户，以养种为营生，"见于本村住坐，应当民役"。只有户主1口人，45岁。有地土16亩3分1厘，其中陆地2亩8分，山13亩5分1厘。房舍：瓦屋一间。

（7）余大三户，元系湖州路安吉县移风乡二管壁门村人，民户，以养种为营生，"见于本村住坐，应当民役"。只有余大三1口人，22岁。有田土20亩4分5厘，其中水田1亩9分，陆地3亩5分5厘，山15亩。房舍：瓦屋一间一步（披）。

（8）施二十四户，元系湖州路安吉县移风乡二管壁门村人，民户，以养种为营生，"见于本村住坐，应当民役"。1口：施二十四，47岁。有田土15亩2分，其中水田5亩8分，陆地2亩9分，山6亩5分。房舍：瓦屋一间。

（9）施七三姆（嫂）户，元系湖州路安吉县移风乡二管壁门村人，民户，以养种为营生，"见于本村住坐，应当民役"。2口：本身（妇人），67岁；孙男卸五，6岁。有田土30亩7分5厘，其中水田2亩8分，陆地1亩9分5厘，山26亩。房舍：瓦屋一间。施七三姆是个老妇人，带着6岁的孙子生活，住在

① 王晓欣、郑旭东：《元湖州路户籍册初探》，《文史》2015年第1辑，第125-127页；王晓欣、郑旭东、魏亦乐编著：《元代湖州路户籍文书》，第三册，第692-695页。

一间瓦屋里。

（10）施八二娰（嫂）户，元系湖州路安吉县移风乡二管壁门村人，民户，以养种为营生，"见于本村住坐，应当民役"。3口：本身（妇人），27岁；男施大丑，10岁；男施小丑，8岁。有田土49亩4分5厘，其中水田6亩2分5厘，陆地5亩5分，山37亩7分。房舍：瓦屋二间。[①]

这些被登录在户籍文书上的户，无论是匠户，还是民户，都有一定的田产，有的民户还有孳畜（牛），大部分人家都有两间或一间瓦屋。户口较多的胡十三、施千五户，则分别有五间、四间房屋；然分析这些户名之下，又往往包括两三个家庭，故每个家庭实际居住的住宅，大抵仍是两间或一间。

值得注意的是，三间的房屋其实并不多。在已公布的901户户籍文书中，大约只有19户有三间房屋。如李十四户，元系湖州路安吉县移风乡一管人，瓦匠，全家有4口：本身，69岁；妻王二娘，59岁；弟多儿，45岁；男归儿，6岁。他们有田土10亩5厘，其中水田1亩，陆地2亩5厘，山7亩。没有驱口或典雇身人，也无孳畜。但房舍却有瓦屋三间。[②]安吉县浮玉

① 王晓欣、郑旭东：《元湖州路户籍册初探》，《文史》2015年第1辑，第130-134页；王晓欣、郑旭东、魏亦乐编著：《元代湖州路户籍文书》，第三册，第700-703页。
② 王晓欣、郑旭东、魏亦乐编著：《元代湖州路户籍文书》，第三册，第698-699页。

乡五管人潘伯五户是民户，有6口人：本身，62岁，弟妇晃六娘，45岁；侄万一，25岁；侄万二，20岁；侄多儿，14岁；侄万三，13岁。他们有陆地8亩1分5厘，有瓦屋三间，应当是潘百五住一间，其弟妇一家5口住两间。①安吉县凤亭乡四管芝里村朱林孙秀户，只有其本身一人，27岁，却有田土3顷95亩9厘，其中水田37亩8分2厘，陆地1顷14亩7分7厘，山2顷42亩5分。他有瓦屋三间，应当是村中的富户。②德清县金鹅乡十五都三保南庄村人商十四，民户，全家有12口人：本身，79岁；妻章二十一娘，80岁；男十六，60岁；男十八，50岁；男十九，49岁；男二十，42岁；男妇沈千一娘，49岁；孙正一，29岁；孙正二，23岁；孙妇钱一娘，27岁；孙茂长，2岁；孙口，2岁。他们有田地4亩9分6厘，其中水田2亩2分5厘，陆地2亩7分1厘；房屋有三间一披，其中瓦屋二间一披，草屋一间，船两只。商十四家人口众多，田产较少，故以养种、佃田为营生，并"带种寂照院田壹拾亩"。③德清县金鹅乡十四都大麻村三保沈小五户，有9口人：沈小五，50岁；妻阿十娘，48

① 王晓欣、郑旭东、魏亦乐编著：《元代湖州路户籍文书》，第三册，第772-773页。

② 王晓欣、郑旭东、魏亦乐编著：《元代湖州路户籍文书》，第三册，第802页。

③ 王晓欣、郑旭东、魏亦乐编著：《元代湖州路户籍文书》，第三册，第862-863页。

岁；母亲沈念三娘，80岁；男沈伯四，26岁；儿妇陈六娘，28岁；男沈阿伴，12岁；女沈三娘，21岁；孙男沈阿孙，4岁；孙沈阿女，3岁。有田地12亩8分1厘，瓦屋三间，船一只。[①]

　　居住在城中的一些民户，拥有较多房屋。第二册第三十八页下所记姜千三户，系湖州路德清县北界人氏，居于德清县城内，只有1口人（58岁），以裁缝为营生，事产有陆地2分2厘，瓦屋三间（2分2厘的陆地，很可能就是三间瓦屋的基地）。同居于德清县城北界的赵千十，家有5口（本身，44岁；妻王氏，35岁；女佛女，7岁。典雇身人妇女2口：吴四娘，23岁；沈阿七，9岁），有田地山荡1顷10亩6分1厘，其中水田37亩7分5厘，陆地22亩8分1厘，山40亩7分5厘，水荡9亩3分。他们以"守业"为营生，有瓦屋七间。[②]居住在德清县城内北界的李百三婢，一个人，75岁，有陆地1亩5分，瓦屋四间。[③]也居住在德清县北界的李八秀户，系儒户，有5口（本身，37岁；母亲伯百三娘，65岁；妹十二娘，13岁；妻妹徐再二娘，13岁；女阿菊，3岁），以教学营生，有地

　　① 王晓欣、郑旭东、魏亦乐编著：《元代湖州路户籍文书》，第三册，第958-959页。

　　② 王晓欣、郑旭东、魏亦乐编著：《元代湖州路户籍文书》，第三册，第865-867页。

　　③ 王晓欣、郑旭东、魏亦乐编著：《元代湖州路户籍文书》，第三册，第1006页。

山15亩2分9厘，瓦屋七间一厦。[1]德清县北界桂枝坊的蔡四四户，有6口人，其中亲属5口（本身，65岁；妻沈伯二娘，66岁；男蔡五一，35岁；女蔡四娘，25岁；孙男蔡保孙，11岁），典雇妇女1口（陆千六娘，38岁），有陆地9分3厘，以卖姜营生，瓦屋十间。[2]同居于德清县北界的沈闰孙户，有4口人，其中亲属3口（沈闰孙，13岁；生母沈二娘，37岁；妹寿娘，5岁），典雇身人妇女1口（梁婆女，13岁），有田地山5顷94亩6分6厘（其中水田4顷60亩3分8厘，陆地16亩2分1厘，山1顷18亩7厘），瓦屋十九间。[3]

乡村中的大户人家，也拥有较多房屋。德清县千秋乡四都八保卜千四户，全家6口人（卜千四，38岁；妻卢五娘，43岁；母亲孙伯二娘，64岁；女夫盛九一，20余岁；女一娘，20岁；孙男福孙，1岁），有田地荡1顷6亩5分（其中水田75亩，荡6亩，陆地25亩5分），以养种、杂卖营生，有瓦屋十三间三厦，船二只。[4]第六册第三十八页所记潘伯九

---

① 王晓欣、郑旭东、魏亦乐编著：《元代湖州路户籍文书》，第四册，第1065页。
② 王晓欣、郑旭东、魏亦乐编著：《元代湖州路户籍文书》，第四册，第1048页。
③ 王晓欣、郑旭东、魏亦乐编著：《元代湖州路户籍文书》，第四册，第1062页。
④ 王晓欣、郑旭东、魏亦乐编著：《元代湖州路户籍文书》，第四册，第1259页。

户，籍属缺，全家有18口人，其中亲属16口（祖母潘二娘，84岁；潘伯九，43岁；妻姚氏，40余岁；弟伯十，41岁；弟妇潘三娘，44岁；男六二，23岁；儿妇胡十三娘，20余岁；男六四，21岁；男六一，27岁；男圣保，11岁；侄男六三，21岁；侄妇潘伯五娘，23岁；侄男阿娜，8岁；侄女五娘，12岁；孙男阿孙，3岁；侄孙女阿奴，3岁），典雇身人男子成丁2口（郁五一，32岁；朱阿七，30岁），有田地山荡80亩6分6厘（其中水田38亩8分7厘，陆地27亩2分9厘，山7亩，荡7亩5分），瓦屋十七间，船二只。潘伯九户以养种营生，雇用了两名成丁男子，除种植自家田地外，还带种武康县资福寺田5分6厘，是种田大户。①

也有的民户，经济地位并不太好，但人口较多，故住宅也较多。德清县金鹅乡十八都下舍村九保的范阿八户，有9口人（本身，64岁；男八二，39岁；男八三，34岁；男八四，30岁；儿媳杨八娘，35岁；孙万一，11岁；孙女阿换，13岁；孙女阿毡，5岁；孙女小毡，1岁），没有田产，以佃田为营生，有瓦房四间一步，船一只。②德清县金鹅乡十八都下舍村十

　　① 王晓欣、郑旭东、魏亦乐编著：《元代湖州路户籍文书》，第四册，第1284-1285页。

　　② 王晓欣、郑旭东、魏亦乐编著：《元代湖州路户籍文书》，第三册，第950-951页。

保的姚四九户，有5口人（本身，62岁；妻杨四二，42岁；男阿毡，14岁；男小毡，12岁；女三女，9岁），有田地18亩5分（其中水田15亩5分，陆地3亩），以养种、佃田为生，房屋四间半，包括瓦屋二间半，草屋二间。①

有的人家没有自己的房屋，在村中赁屋居住。如第一册第二十五页下记有施二十四秀，62岁，系湖州路安吉县移风乡五管坎头村人，民户，"见于本村赁屋住坐"，以养种为营生。他没有事产，应当是佃客。②安吉县凤亭乡四管金村人郎三（78岁），虽然有陆地2亩5分，但也没有房舍，"见于本管赁屋住坐"。同村的朱五十秀，50岁，也是一个人，有田土1顷13亩6分4厘，其中水田16亩8分8厘，陆地19亩7分8厘，山76亩9分8厘，却也没有房舍，"见于本管赁屋住〔坐〕"。③第一册第三十六页记有王十四户，全家有4口人（王十四，58岁；妻沈十二娘，50岁；男何丑，11岁；女妹娘，9岁），元系湖州路府城仓场界人，于至元二十六年（1289）移往安吉县凤亭乡六管某村"赁屋住坐，应当民户差役"，而以"杂趁"

<hr />

① 王晓欣、郑旭东、魏亦乐编著：《元代湖州路户籍文书》，第三册，第964-965页。

② 王晓欣、郑旭东、魏亦乐编著：《元代湖州路户籍文书》，第三册，第693页。

③ 王晓欣、郑旭东、魏亦乐编著：《元代湖州路户籍文书》，第三册，第708-709页。

（当即打零工）为营生。①安吉县凤亭乡六管郭家坞的余三九嫂，70岁，有地土2亩7分5厘，以"杂趁"为营生，也是"赁房住坐"。②第二册第十八页下所记安吉县移风乡七管岘里村人郎九（75岁）、徐千四（68岁）均"见于本村赁屋住〔坐〕"，而其营生则是"作山"。③杭州路在城钱塘县界军将桥人王二，在德清县金鹅乡十八都下舍村十一保住坐，"教导童蒙"，是乡村教书先生。他家有3口人（本身，61岁；妻沈十娘，45岁；男兴寿，6岁），没有事产，"赁屋住坐"。④

有的民户，住宅非常简陋，显然与其经济条件较差有关。第一册第三十四页下记有安吉县凤亭乡四管金村人徐十九嫂（嫂）户，2口人：徐十九嫂本人，50岁；女徐妹娘，1岁。她们有陆地2亩3分，以养种为生，住在一间草屋里。⑤第一册第四十八页下所记安吉县浮玉乡二管潘村人潘伯三，单身，

① 王晓欣、郑旭东、魏亦乐编著：《元代湖州路户籍文书》，第三册，第714—715页。
② 王晓欣、郑旭东、魏亦乐编著：《元代湖州路户籍文书》，第三册，第785页。
③ 王晓欣、郑旭东、魏亦乐编著：《元代湖州路户籍文书》，第三册，第825页。
④ 王晓欣、郑旭东、魏亦乐编著：《元代湖州路户籍文书》，第三册，第1025页。
⑤ 王晓欣、郑旭东、魏亦乐编著：《元代湖州路户籍文书》，第三册，第711页。

19岁，有地共5亩8分，其中陆地0分，山5亩，草屋　间。①德清县千秋乡四都三保的沈大娜户，有兄弟二人：沈大娜，30岁，"双目不觑"；弟小娜，14岁。他们有陆地3分5厘，以推磨为营生，住在草屋一间里。②安吉县凤亭乡三管上戴村的潘六五，75岁；妻李一娘，69岁。他们只有1亩陆地，草屋一间。③安吉县浮玉乡五管上市村人沈细归，14岁；他和弟弟沈三归（12岁）及祖母沈三十娘（75岁）生活在一起，事产只有陆地7分5厘，草屋一小间。④此类民户也不少。他们是乡村中的贫困户。

　　有的人家没有房屋，也没有赁屋居住，而是住在船上。姚伯十一元系湖州路德清县北界人氏，全家有三口人（**本身，36岁；妻顾千四娘，30岁；男阿长，6岁**），他们没有事产，以"〔杂〕（求）趁"为营生，"无赁房住坐，并租赁章府小船一只"。⑤姚伯十一当是贫苦的水上人家。姚伯六户

---

① 王晓欣、郑旭东、魏亦乐编著：《元代湖州路户籍文书》，第三册，第739页。

② 王晓欣、郑旭东、魏亦乐编著：《元代湖州路户籍文书》，第三册，第775页。

③ 王晓欣、郑旭东、魏亦乐编著：《元代湖州路户籍文书》，第三册，第790页。

④ 王晓欣、郑旭东、魏亦乐编著：《元代湖州路户籍文书》，第三册，第843页。

⑤ 王晓欣、郑旭东、魏亦乐编著：《元代湖州路户籍文书》，第三册，第868页。

元系嘉兴路崇德县石门乡人，至元二十二年（1285）移居德清县金鹅乡十八都下舍村，"凭四一河岸船居"。全家有4口人（姚伯六，64岁；女夫沈阿三，39岁；女姚七娘，37岁；孙万一，9岁），水田6亩5分，船一只，以"守产，卖瓶罐"为营生。[1]德清县金鹅乡十八都下舍村九保钟三五户，共7口人（本身，62岁；妻朱八娘，60岁；男千三，33岁；男千六，19岁；儿妇徐二娘，20余岁；男千八，7岁；女阿换，13岁），没有田产，以捕鱼营生，有船二只。[2]他们应当是船户。

可是，这批户籍文书中，部分户名下的记录也颇令人怀疑。第一册第十九页上下记有成十二户，元系湖州路安吉县浮玉乡四管上市村人，木匠户，全家7口人：成十二本人，65岁；妻蒋十四娘，60岁；母亲周四娘，85岁；弟成十三，45岁；弟妇陆三娘，36岁；侄成万九，9岁；次侄成归儿，3岁。他们有田土15亩5分，其中水田2亩5分，陆地4亩，山9亩。房舍：瓦屋一间。成十二户三代人、七口，由母亲、成十二夫

———————————

① 王晓欣、郑旭东、魏亦乐编著：《元代湖州路户籍文书》，第三册，第940页。

② 王晓欣、郑旭东、魏亦乐编著：《元代湖州路户籍文书》，第四册，第1096-1097页。

妻、成十三一家四口组成，却只有一间瓦屋，实无法居住。[①]
其原因不详。

就住宅形式而言，元代湖州户籍文书中，除上文所见两间、一间、三间、四间、七间等之外，还有如下几种形式：

（1）一间一厦、一间半一厦、二间一厦、二间半一厦、三间一厦、四间一厦、五间一厦。如德清县金鹅乡十四都下管周庄村十保范阿三户，有3口人（**本身，59岁；妻周八娘，39岁；男阿保，6岁**），有水田4亩5分，以佃田、养种为营生；"瓦屋一间一厦"。[②]德清县金鹅乡十八都下舍村十一保的沈伯一户（**全家6口人**）、沈八五户（**全家3口人**）的房屋都是一间一厦。[③]这里的"厦"应当不再是上文所见"一间两厦"的"厦"，即不再是"厦两头"的"厦"，而应当是指厢房。一间一厦当即一间正房、一间厢房，在平面上即表现为曲尺形结构。一间半一厦、二间一厦、二间半一厦、三间一厦、四间一厦、五间一厦则都是这种一间一厦形式的扩展。[④]

---

① 王晓欣、郑旭东、魏亦乐编著：《元代湖州路户籍文书》，第三册，第680-681页。

② 王晓欣、郑旭东、魏亦乐编著：《元代湖州路户籍文书》，第三册，第883页。

③ 王晓欣、郑旭东、魏亦乐编著：《元代湖州路户籍文书》，第四册，第1052-1053页。

④ 王晓欣、郑旭东、魏亦乐编著：《元代湖州路户籍文书》，第三册，第891、915、1032页；第四册，第1102、1189、1220、1182-1183页。

（2）一间一舍、一间半二舍、二间一舍、二小间一舍、一间半一舍。如同属德清县金鹅乡十四都下管周庄村十保的周八一户，有5口人（周八一，55岁；妻胡二十娘，57岁；男五一，35岁；儿妇胡十一娘，20余岁；孙婆孙，4岁），有田地6亩8分3厘，以佃田为营生，有瓦屋一间一舍，小船一只。①第二册第四十九页上所记佚名户前阙，户口数不详，有事产田地4亩（其中水田3亩5分，陆地5分），瓦屋一间半二舍。②第二册第五十八页下所记蔡伯年户有7口人（蔡伯年，52岁；妻沈三九娘，48岁；男阿四，28岁；儿妇沈八娘，27岁；男观安，6岁；女八娜，12岁；女伴姑，1岁），有田地荡9亩5分（其中水田5亩5分，陆地1亩，荡3亩），瓦屋二间一舍，船一只。③德清县金鹅乡十三都五保苏林村人丘六一，64岁，有田地1亩2分6厘，住在一间草舍里。④显然，"草舍"不是"草屋"，前者应当更小一些。"几间几舍"又与"几间几厦"的表达方式相区分，说明"舍"也不是

---

① 王晓欣、郑旭东、魏亦乐编著：《元代湖州路户籍文书》，第三册，第882页。

② 王晓欣、郑旭东、魏亦乐编著：《元代湖州路户籍文书》，第三册，第886页。

③ 王晓欣、郑旭东、魏亦乐编著：《元代湖州路户籍文书》，第三册，第905页。

④ 王晓欣、郑旭东、魏亦乐编著：《元代湖州路户籍文书》，第三册，第969页。

"厦"。据此，我们认为"舍"当是与"屋"不相连的独立的较小建筑。一间一舍，就是有一间正屋，另有一处独立的较小房屋。瓦屋二小间一舍、瓦屋一间半一舍，皆当是屋、舍分离的格局。①

（3）一间一步（披）或一间并步、一间半并步、一间一厦并步、二间一步、一间二步、二间二步、三间一步。德清县金鹅乡十五都观宅村一保沈三一户，有7口人（母亲曹三娘，67岁；本身，44岁；妻朱二娘，34岁；弟三三，40岁；男李德，13岁；男千三，10岁；男千五，7岁），有田地3亩2分5厘（其中水田3亩，陆地2分5厘），瓦屋一间一步，船一只。②步，盖源于"步簷"或"步櫩"。《汉书·异姓诸侯王表》"间阎偪于戎狄"句下颜师古注曰："阎，音簷，门闾外旋下荫，谓之步簷也。"③则步簷本是指向外伸出的屋檐构成的遮雨部分，在门前即相当于"宇"，在两头即相当于"厦"。而湖州户籍文书中所记载的"步"（又作"披"），与正屋（间）、厦并列，当是指从屋檐伸出部分，延展开来，依着正屋所建的披间（一般作厨房或储物间

---

① 王晓欣、郑旭东、魏亦乐编著：《元代湖州路户籍文书》，第四册，第1082、1086页。
② 王晓欣、郑旭东、魏亦乐编著：《元代湖州路户籍文书》，第三册，第874–875页。
③ 《汉书》卷十三《异姓诸侯王表》，第364–365页。

用，又称为"灶披间"）。一间一步，或作一间并步，都是指一间正屋带一个披间。

一间半并步、二间一步都是一间一步的扩展形式。沈伯二与沈四三都是德清县金鹅乡十五都观宅村一保人。沈伯二户有4口人（本身，55岁；妻孙六娘，51岁；男阿六，31岁；媳妇沈十二娘，21岁），有水田5亩5分，瓦屋一间半并步。沈四三户有3口人（本身，61岁；入赘女夫沈千四，17岁；女沈一娘，15岁），有水田8亩7分5厘，瓦屋一间半并步，船一只。[①]这两户人家各有一间半房（另各有一个披间），可能系分家所致。

第二册第四十二页上所记佚名户前缺，户口数不详，其事产则包括田地荡3亩1分3厘，其中水田2亩1分3厘，陆地5分，荡5分；瓦屋一间一厦并步。同页所记姚五一户，系德清县金鹅乡十五都观宅村一保人，有6口人（本身，62岁；妻吴伍娘，60岁；男六二，30岁；媳妇胡十五娘，27岁；次男千三，27岁；孙女阿女，2岁），事产有陆地4亩，瓦屋二间并步，船一只。[②]一间一厦并步，是一间正屋、一间厦屋（厢

---

① 王晓欣、郑旭东、魏亦乐编著：《元代湖州路户籍文书》，第三册，第870-871页。

② 王晓欣、郑旭东、魏亦乐编著：《元代湖州路户籍文书》，第三册，第872-873页。

房）带一个披间；两间并步，是两间屋带一个披间。

居住在德清县城内北界的戴十四户，有4口人（本身，43岁；母亲朱千三，70岁；田土保，13岁；女僧女，10岁），有陆地2亩2分5厘，瓦屋一间二步。[1]一间二步，应当是一间正屋，两头各有一个披间。

居住在德清县城内北界的冯千五户，有5口人，其中亲属4口（本身，54岁；妻蔡千四娘，39岁；男福老，3岁；女住奴，1岁），另有典雇身人妇女1口（沈四娘，21岁）。其家有地山15亩7分1厘（其中陆地7分1厘，山15亩），以卖酒营生，有瓦屋二间二步。[2]二间二步，当是两间正屋，两头各有一个披间。

德清县千秋乡三都十二保潘伯六户，有7口人（本身，40岁；妻□千五娘，42岁；母施三二娘，66岁；男贵一，18岁；儿妇范伯五，18岁；男小孙，14岁；男阿双，10岁），有田地山11亩（其中水田9亩，陆地1亩7分，山3分），瓦屋三间一步。[3]

---

① 王晓欣、郑旭东、魏亦乐编著：《元代湖州路户籍文书》，第三册，第996页。
② 王晓欣、郑旭东、魏亦乐编著：《元代湖州路户籍文书》，第三册，第1116–1117页。
③ 王晓欣、郑旭东、魏亦乐编著：《元代湖州路户籍文书》，第四册，第1249页。

（4）四间二厦、二间二厦、三间二厦、一间二厦。德清县金鹅乡十四都下管徐庄村七保的宋四五户，有8口人（宋四五，54岁；妻曹千七娘，46岁；弟六八，51岁；女夫朱阿十一，28岁；女宋千二娘，24岁；男李保，11岁；男伴舅，6岁；女伴妹，8岁），田地荡25亩（其中水田14亩，陆地5亩2分5厘，荡5亩7分5厘），瓦屋四间二厦。[①]这里的"厦"，也当作"厢房"解，而非唐宋时人所说"一间两厦"的"厦"。四间二厦，当是正屋四间，东西各有厢房，构成三合院。

德清县金鹅乡十八都下舍村十一保的沈六一户，有8口人（沈六一，63岁；妻周四娘，59岁；男七一，24岁；儿妇咸三四娘，21岁；女夫蒋百八，38岁；女沈三娘，28岁；男阿增，14岁；孙女婆孙，3岁），有田地5亩7分5厘（其中水田5亩，陆地7分5厘），以养种、佃田为营生，有瓦屋二间二厦。[②]两间正屋和两个厢房，也构成三合院。

第三册第五十四页上所记佚名户，籍属与户口均残缺，仅见有妻阿姚（66岁）与女万五娘（25岁）两人。全家以卖豆

---

① 王晓欣、郑旭东、魏亦乐编著：《元代湖州路户籍文书》，第三册，第888—889页。
② 王晓欣、郑旭东、魏亦乐编著：《元代湖州路户籍文书》，第三册，第980—981页。

腐为生，有陆地3分3厘，瓦房二间二厦。[1]二间止屋和两小厢房，应当是标准的三合院。

德清县千秋乡四都六保的王三九，61岁，一个人生活，有田地4亩1分6厘（**其中水田4亩，陆地1分6厘**），瓦房一间二厦。[2]一间二厦，应当是一座狭长的三合院。

（5）一步（披）、一厦。德清县金鹅乡十八都白土村八保的谢四六户，只有谢四六一口人，62岁，以养种、佃田营生，有田地5亩5分6厘（**其中水田5亩5分，陆地6厘**），瓦屋一步。[3]谢四六应当是住在一个较小的披间里。德清县金鹅乡十八都下舍村十一保的沈七户，有3口人（**沈七，66岁；妻曹四娘，56岁；男阿八，13岁**），田地1亩5分，带佃净慈寺庄田2亩2分5厘，有瓦屋一厦。[4]沈七一家三口住在一间厦屋里，应当没有独立的院落。同村同保的沈四七户有5口人（**沈四七，58岁；妻陆三娘，55岁；男沈伯二，20岁；男沈大孙，5岁；女沈观女，2岁**），以佃田为生，只有陆地5分，

① 王晓欣、郑旭东、魏亦乐编著：《元代湖州路户籍文书》，第三册，第1014页。
② 王晓欣、郑旭东、魏亦乐编著：《元代湖州路户籍文书》，第四册，第1233页。
③ 王晓欣、郑旭东、魏亦乐编著：《元代湖州路户籍文书》，第三册，第966页。
④ 王晓欣、郑旭东、魏亦乐编著：《元代湖州路户籍文书》，第三册，第1027页。

瓦屋一厦，船一只。[①]沈四七一家5口，也是住在一间厦屋里。

（6）楼屋。德清县遵教乡十一都新市镇高千十户，有三口人（高千十，23岁；弟高千十一，年岁缺；母亲许四娘，49岁），以枭米营生，有陆地2分6厘，楼屋三间。[②]这是湖州户籍文书中仅见的一栋楼屋。

《中国藏黑水城汉文文献》中，有7份文书记录了元代中后期亦集乃路（今内蒙古额济纳旗）一些民户的住宅情况。

（1）"元即兀□尵汝等户籍残片"（F125:W73）：

（前缺）

1. ⎣＿＿＿＿＿＿＿⎤完者

2. ⎣＿＿＿＿＿＿＿⎤房三所，计七间。

3. 　　地土四顷二十亩，麦子四十二石。

4. 孳畜：马八疋，牛一十只。

5. 一户即兀□尵汝

6. 　元金祖爹即兀屈支立尵

7. 　　人口：

---

① 王晓欣、郑旭东、魏亦乐编著：《元代湖州路户籍文书》，第四册，第1050页。

② 王晓欣、郑旭东、魏亦乐编著：《元代湖州路户籍文书》，第四册，第1280–1281页。

0. 　　　成丁男了：

9. 　　　　祖爹，年四十三；父速正卜，年一十六；房屈真蒲，年廿六；

10. 　　叔真玉，一十三。

11. 　　　　不成丁妇女一口：祖婆略知，五十五。

12. 　　驱口：

13. 　　　　男子者赤屈，年四十五；妇女金祖，廿三。

14. 　　事产：

15. 　　　房五间。

16. 　　　地土五顷四百七十培，见种二百六十培，麦子廿二石；

17. 　　　　碱硬不堪廿一石子地。

18. 　牵畜：马三疋，牛一十只，羊七十口

19. 增：

20. 　人口：

21. 　　成丁男子：

22. 　　　　本身，年四十二；弟阿毳，年卅九；次弟速汝，年卅六，

23. 　　　次二弟令真布，年一十九；男阿立

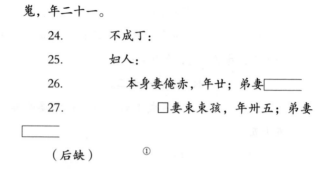

崽，年二十一。

24.　　　　不成丁：

25.　　　　妇人：

26.　　　　本身妻俺赤，年廿；弟妻▢▢▢▢▢

27.　　　　▢妻束束孩，年卅五；弟妻

▢▢▢▢▢

（后缺）　　　　①

　　这份文书保存了两户人家的户口、事产记录，其中一户户口记录残缺，仅存留事产记录，有"房三所，计七间。地土四顷二十亩，麦子四十二石。孳畜：马八疋，牛一十只。"另一户为即兀▢崽汝户。其本户名（"兀金"）为即兀屈支立崽，有7口人（含驱口2人）：即兀屈支立崽本身，43岁；其妻略只，55岁；其子速正卜，16岁；速正卜妻屈真蒲，26岁；次子真玉，13岁；驱口赤屈（**男子**），45岁；驱口金祖（**妇女**），23岁。其事产有"房五间。地土五顷四百七十培，见种二百六十培，麦子廿二石，碱硬不堪廿一石子地。孳畜：马三

　　①　李逸友：《黑城出土文书（汉文文书卷）》，北京：科学出版社，1991年，第91页；塔拉、杜建录、高国祥主编：《中国藏黑水城汉文文献（农政文书卷）》，北京：国家图书馆出版社，2008年，第39页；孙继民、宋坤、陈瑞青、杜立晖等：《中国藏黑水城汉文文献的整理与研究》，北京：中国社会科学出版社，2016年，第7-9页。

正 牛一十口，羊七十口。"虽然现存户籍文书上的户名是即
兀□嵬汝，但他被列入"增"栏下，应当是附增入"元金"的
即兀屈支立嵬户下并取代后者户名的。即兀□嵬汝一家至少有
9口人，包括：即兀□嵬汝本人，42岁；妻俺赤，20岁；男阿
立嵬，21岁（当非俺赤所生）；弟阿嵬，39岁；次弟速汝，
36岁；次二弟令真布，19岁；弟妻束束孩，35岁，以及两个失
名的弟妻。其所有事产不详。①

（2）"唐兀的斤夫等户籍残片"（F1:W60）：

（前缺）

1. 母亲兀南赤，年七十岁。

2. 妻唐兀的斤，年二十岁。

3. 弟妇俺只，年二十岁。

4. 东关见住，起置。

5. 事产：见住元坐地基修盖上房二间。

6. 孳畜：无。

---

① 关于此件文书的研究，请参见刘晓：《从黑城文书看元代的户籍
制度》，《江西财经大学学报》2000年第6期；吴超：《蒙元时期亦集乃路畜
牧业初探》，《农业考古》2012年第1期。

（后缺）①

　　此件户籍的户名，当即唐兀的斤的丈夫，故本户人家，当有4口人。上房，当即正屋。他们在原有的地基上修盖了两间正屋。

　　（3）"尤兀南布等户籍残片（一）"（F131:W2a）：

　　其第三件残片存两行字，第一行无可辨识，第二行存"房舍一间"四字。其第一件残片上见有"一户尤兀南布"；第二件残片第一行存"年卅五岁"四字，第二行存"罕年廿五岁"五字，第三行存"岁"一字。三件文书字迹一致，内容相关，故《中国藏黑水城汉文文献》将之作为一件文书释录。文书残缺较甚，据现存记录，似可推测尤兀南布户，至少有三口人，有房舍一间。②

　　（4）"尤兀南布等户籍残片（二）"（F131:W2b）：

　　其第一行存"年十八岁"四字，第二行存"五岁"二字，中缺一行，第三行存"麦子四石"，第四行存"三石"二字，

---

　　① 塔拉、杜建录、高国祥主编：《中国藏黑水城汉文文献（农政文书卷）》，第41页；孙继民、宋坤、陈瑞青、杜立晖等：《中国藏黑水城汉文文献的整理与研究》，第10页。

　　② 李逸友：《黑城出土文书（汉文文书卷）》，第92页；塔拉、杜建录、高国祥主编：《中国藏黑水城汉文文献（农政文书卷）》，第48页；孙继民、宋坤、陈瑞青、杜立晖等：《中国藏黑水城汉文文献的整理与研究》，第16-17页。

第五行存"壹石",第六行存"二间"二字,中缺一行,第七行存"古羊六口"四字,中缺一行,第八行存"妻答孩的斤,卅五"七字。[1]第八行上所缺一行,当是另一个名户。故其上七行所记,应当是一户之下的户口与事产。此一户名下,当有两口以上,拥有房屋三间。

(5)"即立嵬等户籍"(F20:W12):

文书现存文字九行,前后均残。其第七行存"成丁三口"四字,第八行存"本身,年四十一岁;侄男即立嵬,年"十三字,第九行存"次"一字,当是一户的户口、事产登记。其第三行存"妇女一口:好都鲁"七字,第四行存"一间"二字,第五行存"地土莎伯渠麦子地一十石,典与苗曾"十五字,第六行存"马四疋,牛四只,羊"七字。[2]这几行所记,当是一户人家的户口、事产情况。此户人家,需要典地与人,故其房屋不会太多,即当为"一间"("一间"二字上不会缺"十"字)。

---

① 李逸友:《黑城出土文书(汉文文书卷)》,第92页;塔拉、杜建录、高国祥主编:《中国藏黑水城汉文文献(农政文书卷)》,第49页;孙继民、宋坤、陈瑞青、杜立晖等:《中国藏黑水城汉文文献的整理与研究》,第18-19页。

② 李逸友:《黑城出土文书(汉文文书卷)》,第91页;塔拉、杜建录、高国祥主编:《中国藏黑水城汉文文献(农政文书卷)》,第57页;孙继民、宋坤、陈瑞青、杜立晖等:《中国藏黑水城汉文文献的整理与研究》,第26-27页。

（6）至正二十年（1360）马某赁房契（F270:W10）：

立赁房文字人亦集乃路住人马□□□□

无房具住，今赁到本城东关外王□□□□

土房一间，门窗具，言仪定每月□□□□

房钱小麦五升，案支取，不令拖欠。

如住房人自不小心走失火烛，并不

房主之事，系住房人一面修补，无词。

恐后无凭，故立此赁房文

字为照用。（结止符）

至正廿年四月初一日立赁房文字人马□□□□①

　　亦集乃路住人马某向王某租赁到本城东关外的土房一间，
房钱每月小麦五升。马某是一人抑或一家人居住，不能详知，
而其租住的房屋只有一间，则可确定。

　　（7）原始编号为84H.F79:W31/0966的文书残片：

　　文书前后上下皆残缺，仅存三行：第一行存"上房四间"
四字；第二行存六字，可识者仅一"四"字；第三行存"年

－－－－－－－－－－

　　① 李逸友：《黑城出土文书（汉文文书卷）》，第188页；塔拉、杜建录、
高国祥主编：《中国藏黑水城汉文文献》，第六册，第1250页；孙继民、宋坤、
陈瑞青、杜立晖等：《中国藏黑水城汉文文献的整理与研究》，第946-947页。

二十"二字。①因为残缺太甚，无法推测此件文书的性质，但其中所见"上房四间"，应当是对一户住宅的描述。

上述7件文书，保存了8户人家住宅情况的不完全记录。第一户有房三所，计七间；第二户（即兀屈支立苨户）有7口人（含驱口2口），房五间；第三户（唐兀的斤户）有4口，上房二间；第四户（尤兀南布户）至少有3口人，房舍一间；第五户至少有2口，房屋三间；第六户（好都鲁户）至少有1口人，房屋一间；第七户（马某）租赁土房一间居住；第八户人口不详，至少有"上房四间"。这些文书虽然残缺不全，但其所反映的元代亦集乃路民户的住宅情况，包括了较为富裕人家的三所七间、五间，也有贫苦民户的一间和赁屋居住的情况，有二、三、四间房屋的人家则当是较为普通的平民人家。

① 塔拉、杜建录、高国祥主编：《中国藏黑水城汉文文献》，第十册，第2096页；孙继民、宋坤、陈瑞青、杜立晖等：《中国藏黑水城汉文文献的整理与研究》，第1705页。

七、明清时期平民住宅补说

　　刘敦桢先生根据20世纪前半叶调查所见的明清住宅实态，依平面形状，自简至繁，将明清时期的住宅分为圆形、纵长方形、横长方形、曲尺形、三合院、四合院、三合院与四合院的混合体、环形与窑洞式住宅等九种类型。其中，（1）圆形住宅是从"蒙古包"演变而来，主要分布在内蒙古自治区的东部、南部地区。（2）纵长方形住宅是华北和华中许多城市附近的小手工业者或乡村的贫雇农常用的小住宅，其规模一般为一间或两间，门多开在南面（图34）；抑或在旁边再加一小间厨房或储藏室、工作间。（3）横长方形住宅"是中国小型住宅中最基本的形体，数量最多，也最富于变化"，一般以房屋长的一面向南，门、窗也都设于南面。其"平面虽然随着居住者的经济条件有一间、二间、三间乃至四间、五间不等，但三间以下的住宅，门窗位置与室内间壁的处理比较自由，三间以上的除了旧式满洲住宅，几乎都以中央明间为中心，采取左右对称的方式。由于各地区的自然条件相差很大，墙的结构有版筑墙、砖墙、木架竹笆墙、井干式、窑洞式数种。屋顶形状也有近乎平顶形状的一面坡与两落水以及囤顶、攒尖顶、硬山顶、悬山顶、四注顶种种不同的式样。"在横长方形住宅中，以面阔三间为最普遍的形式。（4）曲尺形住宅，一般是从三开间横长方形住宅发展而来，即由三开间房屋的东次间或西次间向前扩伸而成，可以看作为三开间住宅的扩展形式。（5）三合院住宅，在平面布局上乃是由横长方形住宅的两端向前增扩而成，其主体住房仍是横长方形（一般为三开间），东西

图34　江苏镇江市北郊杨宅，纵长方形住宅

（采自刘敦桢：《中国住宅概说》，《建筑学报》1956年第4期，第33页）

厢房则从一间到两间不等（**图35**）。（6）四合院住宅，一般由三合院加上由大门门屋扩展而成的南屋构成，多采取对称性平面和封闭式外观，其规模小大不一，但居住者多为较为富裕的中上层人家。至于三合院与四合院的混合体住宅，则更是富贵人家的大型住宅。①

显然，住宅的规模、形式，主要与居住者的经济能力、社会地位密切相关。总的说来，明清时期，绝大部分的平民百姓，都住在两三间的住宅里，其居住条件，远不如诸多山水画中所描绘的宅院；乡土建筑调查中所揭示的今存中大型乡土建筑，往往是居住在乡村地区的官僚、富商或地主家庭营建、居住的，并不能真实地反映明清时期普通平民的住宅情况。因

---

① 刘敦桢：《中国住宅概说》，《建筑学报》1956年第4期。明清时期特别是清代的民居，在20世纪仍有较多积存下来，故各种乡村考察、古建筑调查中，均有较多记录与研究。如周若祁、张光主编《韩城村寨与党家村民居》（西安：陕西科学技术出版社，1999年）即对陕西韩城县特别是党家村的传统住宅作了细致考察与分析（第194—270页）；曹安吉、赵达者《雁北古建筑》（北京：东方出版社，1992年）对山西雁北地区的古民居作了概括性介绍（第187—189页）；刘杰撰文、李玉祥摄影《乡土中国·泰顺》（北京：生活·读书·新知三联书店，2001年）对于浙南泰顺山区的民居作了细致梳理、描绘（第93—101页）；曹春平、庄景辉、吴奕德主编《闽南建筑》（福州：福建人民出版社，2008年）对闽南民居作了系统考察（第19—48页）；马平、赖存理著《中国穆斯林民居文化》（银川：宁夏人民出版社，1995年）对中国穆斯林民居作了系统叙述。这些研究较多，从不同角度说明了不同地区、不同人群的居住情况，较全面地反映出明清时期特别是清代各地区平民住宅的基本形式、规模与格局，对刘敦桢等先生早期的研究作了较大补充。因此，本书对于清代各地区的民居情形，未再作进一步考察。

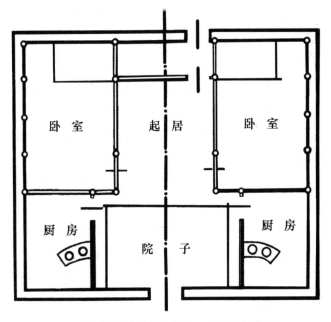

卧 室 　　 起 居 　　 卧 室

厨 房 　　　　　　　 厨 房

院 　 子

图35　江苏镇江市洗菜园某宅，三合院住宅平面图

（采自刘敦桢：《中国住宅概说》，《建筑学报》1956年第4

期，第38页）

此，对于明清时期普通民户居住房屋的真实情形，还需要作进

一步深入的考察。

　　明初户帖登录的户口、事产等内容，一般认为较为切实。

今见洪武初年的一些户帖，详细记录了一些民户的家庭构成与

财产，如：

（1）《嘉禾征献录》卷三二《卜大同传》末录《洪武四年嘉兴府嘉兴县杨寿六户帖》：

一户杨寿六，嘉兴府嘉兴县思贤乡三十三都上保必暑字圩，匠籍户。计家八口。

男子四口：成丁二口：本身，年六十岁；女夫卜官三，年三十一岁。

不成丁二口：甥男阿寿，年六岁；甥男阿孙，年三岁。

妇女四口：妻母黄二娘，年七十五岁；妻唐二娘，年五十岁；女杨一娘，年二十二岁；甥女孙奴，年二岁。

事产：屋：二间二舍。船一只。田地自己一十五亩一分五厘六毫。

右户帖付杨寿六收执。

洪武四年　月　日。

杭字八十号。

部。①

---

①　盛枫:《嘉禾征献录》卷三二《卜大同传》末，上海图书馆藏抄本，第九页。此条初为梁方仲先生引用，见梁方仲《明代的户帖》，初刊于《人文科学学报》第2卷第1期（1943年6月），后收入《梁方仲经济史论文集》，北京：中华书局，1989年，第219–228页，此条见于第222–223页。

这个家庭有四代8口人：岳母黄二娘，杨寿六、唐二娘夫妇；女儿杨一娘、女婿卜官三夫妇；甥（孙）男、甥（孙）女共3人。杨寿六属于匠籍，有田地15亩余，船一只，是小户人家。房屋二间二舍，当是二间正屋，另有两栋较小的屋舍。

（2）崇祯《嘉兴县志》卷九《食货志》"户口"附《洪武四年嘉兴府嘉兴县林荣一户帖》：

一户林荣一，嘉兴府嘉兴县零宿乡二十三都宿字圩，民户。计家五口。

男子二口：成丁一口，本身，年三十九岁。

不成丁一口，男阿寿，年五岁。

妇女三口：妻章一娘，四十岁；女阿换，年十二岁；次女阿周，年八岁。

事产：屋：一间一披。田：自己民田地六亩三分五毫。

右户帖付民户林荣一收执。准此。

洪武四年　月　日。

加字壹百玖拾号。

部。[①]

---

① 崇祯：《嘉兴县志》卷九《食货志》"户口"，《日本藏中国罕见地方志丛刊》本，北京：书目文献出版社，1991年，第351页。此条亦初为梁方仲先生引用，见《梁方仲经济史论文集》第222页。

林荣一是民户，全家5口人（夫妻2人，3个儿女），有六亩三分五毫田。户主林荣一正当壮年，只有一间房屋，另有披间一间。

（3）胡琢《濮镇纪闻》（乾隆五十二年成书）卷一《第宅》附《洪武户帖考》录《嘉兴府崇德县张得肆户帖》：

> 一户，张得肆，系嘉兴府崇德县梧桐乡二十九都贻字围，本户计今四口。
>
> 男子二口：成丁壹口，本身，年三十四岁。
>
> 不成丁壹口，男阿狗，年一岁。
>
> 妇女二口：妻宋大娘，年二十六。
>
> 女阿胜，年四岁。
>
> 事产：民田三亩五分一厘。房屋一间一厦。
>
> （全印）右帖付张得肆收执。准此。
>
> 洪武　年　月　日。
>
> （半印）半字贰佰叁拾陆号。（押）[1]

张得肆夫妇有一子一女，全家4口人，是典型的核心家庭。他们有三亩五分一厘田，房屋一间一厦（即平面呈曲尺

---

① 胡琢：《濮镇纪闻》卷一《建置》"第宅"附《洪武户帖考》，《中国地方志集成·乡镇志专辑》第21册，上海：上海书店，1992年，第561-662页。

形的两间房），是核心家庭的住宅规模。

（4）康熙《杏花村志》（郎遂编）卷十一《户牒》录《洪武四年池州府贵池县杏花村郎礼卿户帖》：

一户郎礼卿，池州府贵池县杏花邨居住。

男子四口：成丁二口：本名，年五十四岁；男贵和，年二十八岁。

不成丁二口：次男观音保（贵懋，乳名），年七岁；孙佛保，年七岁。

妇女二口：妻阿操，年四十二岁，男妇阿尹，二十八岁。

事产：屋五间。基地八分。

右户牒付郎礼卿收执。准此。

洪武四年　月　日。

安字二百二号。（六花押）（印）

其下注文称："池谚'郎王许戴'，谓贵池在城，历唐宋元传于明初，入版籍者只四姓，如户牒所开，其据也。按《族谱》，礼卿公由人才举官理问，世居杏花邨，为郡丞。文韶公子，承先启后，大振家声。生于元延祐五年戊午，卒于明洪武二十一年戊申。子贵和公，生于元至正四年甲申，卒于明永乐四年丙戌。次贵懋公，生于元至正二十五年乙巳，卒于明宣德八年癸丑。今室庐丘陇，俱在杏花村。"①则知郎氏乃贵池大族，世居杏花村。郎礼卿户下共有6口，包括礼卿夫妇、未成年的次子，以及长子贵和一家三口，实际上是两个家庭。他们合住在五间房屋里，应当是礼卿夫妇和幼子住三间，贵和一家住两间。

（5）谈迁《枣林杂俎》智集《逸典·户帖式》录《开封府钧州密县傅本户帖》：

一户傅本，七口，开封府钧州密县民。洪武三年入籍，原系包信县人民。

男子三口：成丁二口：本身五十二岁，男丑儿二十岁。

不成丁一口：次男小棒槌一岁。

妇女四口：大二口：妻四十二岁，男妇二十三岁。

小二口：女荆双十三岁，次女昭德九岁。

事产：瓦屋三间。南北山地二顷。

右户帖付傅本收执。准此。②

---

① 康熙《杏花村志》卷十一《户牒》，《中国地方志集成·乡镇志专辑》第27册，南京：江苏古籍出版社，1992年，第546—547页。

② 谈迁：《枣林杂俎》智集《逸典·户帖式》，《元明史料笔记丛刊》本，北京：中华书局，2006年，第11页。此条亦初为梁方仲先生引用，见《梁方仲经济史论文集》，第223页。

傅本一家由两代人组成，是复合式家庭。傅本夫妇有4个孩子：大儿子丑儿20岁，次子小棒槌刚1岁，中间两个女儿，分别是13岁和9岁。丑儿已结婚，媳妇23岁。他们有三间瓦房，山地二顷，是较为富庶的人家，但住宅也只有三间（瓦房）。

（6）中国历史博物馆藏《洪武四年徽州府祁门县江寿户帖》：

　　一户江寿，系徽州府祁门县十西都七保住民，现当民差。计家叁口。
　　男子贰口：成丁壹口，本身，年肆拾肆岁。
　　不成丁壹口，男再来，年伍岁。
　　妇女壹口：妻阿潘，年肆拾肆岁。
　　事产：草屋壹间。
　　右户帖付江寿收执。准此。
　　洪武四年　月　日。
　　部。①

江寿一家3口，夫妇二人和一个5岁的孩子，是典型的核心

　　①　赵金敏：《馆藏明代户帖、清册供单和黄册残稿》，《中国历史博物馆刊》总第7期（1985年），第102-108页，引文见第103页。

家庭。他们没有田地，住在一间草屋里，应当属于较为贫穷的人户。

（7）中国第一历史档案馆藏《洪武四年祁门县谢允宪户帖》：

　　　　一户谢允宪，系徽州府祁门县十西都住民，承祖述户，见当民差，计家贰口。
　　　　男子壹口：成丁壹口，本身，年贰拾壹岁。
　　　　不成丁：
　　　　妇女壹口：妻阿李，年壹拾陆岁。
　　　　事产：田，捌分伍厘肆毫。草屋，一间。孳畜，黄牛壹头。
　　　　右户帖付谢允宪。
　　　　洪武四年　月　日。
　　　　部。①

　　谢允宪夫妇二人，应当尚未生子，故全家只有两口人。允宪应当是刚从父亲户名下析分出来，他分得八分五厘四毫田地，一间草屋，一头黄牛。

---

　　①　此户帖材料初为韦庆远先生引用，见韦庆远：《明代黄册制度》，北京：中华书局，1961年，第18页。

（8）中国社科院历史研究所图书馆善本库藏《洪武四年徽州府祁门县汪寄佛户帖》：

一户汪寄佛　徽州府祁门县十西都住民，应当民差。计家伍口。

男子叁口：成丁贰口：本身，年叁拾陆岁；兄满，年肆拾岁。

不成丁壹口：男祖寿，年四岁。

妇女贰口：妻阿李，叁拾叁岁；嫂阿王，叁拾叁岁。

事产：田地：无。房屋：瓦房叁间。葍畜：无。

右户帖付汪寄佛收执。准此。

洪武四年　月　日。

深字伍佰拾号。

部。①

这是一个兄弟二人两对夫妇组成的家庭。兄汪满、嫂阿王，无子；汪寄佛夫妇有一个儿子，一家3口。这两对夫妇组成的家庭共住在三间瓦房里，当是一对夫妇各住一间，一间明

---

① 王钰欣、周绍泉主编：《徽州千年契约文书》宋元明编，第一卷，石家庄：花山文艺出版社，1993年，第25页。

屋共用。他们没有地产。

（9）安徽省图书馆藏明代手抄本《（祁门县）吴氏祊坑永禧寺真迹录》存《洪武四年祁门县僧张宗寿户帖》：

十王院民由

一户僧张宗寿，徽州府祁门县十一都住民，承十王院户，见当民差。计家一口：

男子一口：成丁一口：本身，年四十五岁。

事产：田四十六亩八分八厘八毫，地六亩三分五厘四毫，坐落十一都。

瓦屋三间。黄牛一头。

右户帖付民张宗寿收执。准此。

洪武四年 月 日。①

张宗寿是僧户，其户名下的事产是永禧寺的寺产。瓦屋三间，应当就是永禧寺本身的建筑，并非普通的民户住宅。

（10）上海图书馆藏嘉靖四十四年纂修《绩溪积庆坊葛氏重修族谱》抄存《洪武四年儒户葛善户帖》：

---

① 郑小春：《洪武四年祁门县僧张宗寿户帖的发现及其价值》，《历史档案》2014年第3期。

（前略）

一户葛善，系徽州府绩溪县坊市西隅儒户，承父葛元龄为户，应当民差。

男子二口：成丁二口：本身，年四十一岁；男子舆，年二十四岁。

妇女四口：母阿许，年六十八岁；妻阿张，年四十八岁；媳阿汪，年二十岁；女秀奴，年十二岁。

事产：田亩：共九十八亩一分五厘八毫。田五十九亩一分九毫；地一十四亩六厘一毫；山二十三亩四分五厘四毫；塘一亩五分三厘四毫。

瓦屋：三间。

右户帖付儒户葛善收执。准此。

（后略）①

葛善一家自元代以来，就是儒户，住在绩溪县城内坊市西隅。他们家三代6口人，有各种田地近一顷，住在三间瓦房里，属于较为富裕的民户。

上述10件户帖，分别来自浙江嘉兴府（3件）、直隶池州府（1件）、河南开封府（1件）和直隶徽州府（5件）。除张宗

---

① 宋杰、刘道胜：《洪武四年绩溪城市儒户葛善户帖探研》，《历史档案》2021年第2期。

寿为僧户、葛善为儒户且居住在绩溪县城内之外,其余8户均为乡村民户。此8户的人口,分别是8口、5口、4口、6口、7口、3口、2口、5口,其住宅分别是二间二舍、一间一披、一间一厦、屋五间、瓦屋三间、草屋一间、草屋一间、瓦房三间。

明代赋役黄册也记录了较多民户的人口、事产及其变动情况。明代(以迄于清末)沿袭元代以来的政策,城乡住屋,均不征收房屋税(只征收房屋交易税),故赋役黄册中有关住宅的记录,应当较为切实地反映出民户住宅的实际情形。今见明代赋役黄册中关于民户住宅的记录,主要有如下27宗:

(1)《永乐元年、十年、二十年、宣德七年祁门李舒户黄册抄底及该户田土清单》(即《明永乐至宣德徽州府祁门县李务本户黄册抄底》),记录了永乐元年至宣德七年(1403-1432)30年间一户人家的户口、事产变动情况。根据这份抄底文件,永乐元年,李务本承其故父李舒(李舒亡于洪武三十一年,1398年)的户名。李务本是在上一次大造黄册之后出生的(生于洪武二十七年,1394年),故列入"新收人口"之列。李舒(李务本)户下"旧管"民田地18亩5分2厘5毫,"新收"民田地23亩3分2厘3毫,"开除"民田4亩7厘9毫。有民瓦房二间。李务本死于永乐十年(1412),户名由过继来的弟李景祥(生父为本图李胜舟)继承。永乐十年,李景祥户下有4口人:景祥本人,2岁;母谢氏,39岁;姐贞奴,

7岁；姐亦当□5岁。在过去十年里，胡为善被谢氏招赘入户，成为景祥姐弟三人的义父，但死于永乐九年。原在李务本名下的民田37亩7分6厘9毫全部转除（**卖与谢能静、汪进得为业**），故其实在事产栏下写成"无"。但他们的房子应当没有卖，因为在永乐二十年的旧管事产中，仍有"民房贰间"。到永乐二十年，李景祥一家有4口：景祥本人，妈妈谢氏，两个姐姐。在这十年中，景祥一家不断买进田产，总共积累了32亩3分9厘3毫。他们仍然住在二间瓦房里。[①]

（2）《永乐二十年徽州府歙县十七都五图胡成祖等户黄册抄底》（**中国历史博物馆藏**），见有4户人家的户口、事产记录。其一，胡成祖户，旧管人口3口人（**男子2口，妇女1口**），事产包括民田地山塘1亩2分3厘，"民房屋：瓦房二间"。永乐十年至二十年间，胡成祖户仍为3口（**胡成祖，39岁；妻阿程，34岁；男阿进，4岁**）；其原有田地全部开除，事产只剩下"民房屋：瓦房二间"。其二，黄福寿户，旧管人口6口（**男子4口，妇女2口**），事产包括民田土1亩7分3毫，"民房屋：瓦房三间。民头疋：黄牛一头"。实在人

---

① 王钰欣、周绍泉主编：《徽州千年契约文书》宋元明编，第一卷，"永乐元年、十年、二十年、宣德七年祁门李舒户黄册抄底及该户田土清单"，第54-55页。相关研究请参阅栾成显：《明代黄册研究》，北京：中国社会科学出版社，1998年，第133-159页。

口3口（黄福寿，57岁；妻阿王，57岁；男南寿，1岁。在过去十年中，黄福寿家死亡2口：男荣祖，永乐十八年病故；男名得，永乐十九年病故。女渊弟嫁与本图金真保家为孙妇，户口移出黄家），事产不详。其三，户名缺，旧管人口、事产残，实在人口男子成丁1口（31岁），事产有"民房屋：瓦房一间"。其四，户名、人口均残缺，事产下存"民房屋：瓦房一间"。[①]上述4户人家，无论人口、事产多少，所住均为瓦房（分别为二间、三间、一间、一间）。

（3）《永乐二十年浙江金华府永康县义丰乡一都六里赋役黄册》见有1户人家的住房记录（上海图书馆藏明末毛氏汲古阁刻公文纸印本《乐府诗集》第三册卷七第10页背），即倪有户，系一都第六里民户，只有1口人，有民田9亩3分，民房二间。[②]

（4）《永乐二十年直隶松江府上海县长人乡十八保二十七图赋役黄册》见有4户人家的住房记录（中国科学院图书馆藏明刻本《沈侍中集》正文第35页背、第36页背、第37页背）。其一，王阿保户，旧管男妇3口，事产存官田7亩4分7厘，"民草房二间"。转收男子成丁1口，实在人口4口。

---

① 栾成显：《明代黄册研究》，第48–51页。
② 孙继民、宋坤：《新发现古籍纸背明代黄册文献复原与研究》，北京：中国社会科学出版社，2021年，第80页。

其二，户名、人口、事产均缺，存"房屋：民草房一间"。其三，康阿转户，旧管男妇2口，事产存官田23亩9分7厘，"房屋一间"。其四，户名、人口、事产均缺，存"房屋：民草房二间"。①上述4户的住宅，有3户均注明为草房（分别为二间、一间、一间），只有康阿转户，作"房屋一间"，当是瓦房。

（5）《永乐二十年某县二十八都第九图赋役黄册》存6户的住宅记录（上海图书馆藏明刻本《梁昭明太子集》卷全第29页背、第10页背、第46页背、第53页背、第71页背、第72页背）。其一，户名、人口、田亩均缺，"民瓦草房屋五间：瓦房屋三间，草房屋二间"。其二，户名、人口、田亩均缺，"民土房一间"。其三，户名、人口、田亩均缺，"民瓦草房屋三间"，其中瓦房屋一间，草房屋二间。其四，户名、人口、田亩均缺，"民瓦房屋二间。头匹：牛一头"。其五，户名、人口、田亩均缺，"民瓦房屋二间"。其六，户名、人口、田亩均缺，"民瓦房屋一间"。②上述6户人家，除一户为土房外，其余5家均有瓦房（分别为三间、一间、

---

① 孙继民、宋坤：《新发现古籍纸背明代黄册文献复原与研究》，第314-315页。
② 孙继民、宋坤：《新发现古籍纸背明代黄册文献复原与研究》，第232-235页。

二间、二间、一间），其中两家在瓦房之外，又各有草房二间。看来瓦房应当是主屋。

（6）《天顺六年某县一都一图赋役黄册》存2户人家的房屋记录（上海图书馆藏明刻本《增修复古编》卷上之一第6页背、卷上之三第4页背）。其一，户名、人口均缺，事产不全，"民瓦房一间"。其二，户名、人口均缺，事产不全，"民瓦房一间"。[①]

（7）《天顺六年某县一都一图赋役黄册》存2户人家的房屋记录（上海图书馆藏明刻本《徐仆射集》正文第13页背、正文第7页背）。其一，户名、人口均缺，田产存绵（棉）花地1亩5（分），豆地1亩，桑20株，"官民草房屋六间：官房四间，每间月赁钞□□□□民房二间。头匹：民牛五只：水牛一只，黄牛四只。" 其二，户名缺，旧管人口4口，麦地1顷30余亩，绵（棉）花地1亩余，桑20株，"民草房屋五间。头匹：民黄牛四只"。原有4口人死绝，新收原户主之侄不成丁二口继承。[②] 这里的两户人家，应当较为富裕，其所住虽然是草房屋，却分别为六间和五间。

①　孙继民、宋坤：《新发现古籍纸背明代黄册文献复原与研究》，第253、258页。
②　孙继民、宋坤：《新发现古籍纸背明代黄册文献复原与研究》，第259、263-264页。

（0）《天顺六年直隶苏州府长洲县尹宫乡二十一都第一图赋役黄册》存有5户人家的房屋记录（上海图书馆藏明刻本《徐仆射集》正文第106页背、第109页背、第124页背）。其一，户名、人口、田产均缺，"房屋：民草房一间。船只：一十料一只"。其二，金泰安（已故，男添何承户）户，旧管男女4口，官田16亩5分2厘5毫，房屋一间一厦。其三，户名、人口、田产均缺，"房屋：民草房一间二厦"。其四，陆寿孙（已故，男胜安承户）户，旧管男妇3口，官田1亩1分5毫，"房屋：一间一厦"。其五，户名、人口、田产均缺，"房屋：民草房一间二厦"。①上述5户人家的住宅，有3户注明为草房（一间、一间二厦、一间二厦），另两家的房屋均是一间一厦，或是瓦房。

（9）《成化八年山东东昌府茌平县三乡第一图赋役黄册》存有5户人家的房屋记录（上海图书馆藏《乐府诗集》第六册卷二十五第7页正、第8页背，第七册卷二十七第1页背）。其一，户名、人口数、田产均缺，惟存"房屋：草房二间。头匹：牛二只"。其二，刘榾枚户，系三乡一图军户，全家16口人（男子12口、妇女4口），有民地65亩，草房二间，牛四只。其三，王仓儿户，系三乡一图匠户，旧管全家

---

① 孙继民、宋坤：《新发现古籍纸背明代黄册文献复原与研究》，第264-266页。

17口（男子14口，妇女3口；新收男妇2口），有民地67亩（后新收民地12亩），草房二间，牛一只。其四，户名、人口、田产均缺，仅存"房屋：草房一间"。其五，金得林户，系三乡一图驴站户，全家4口人，有民地24亩，房屋草房一间。[1]上述5户人家，均住在草房里，其中3户二间，2户一间，特别是刘榻枚户与王仓儿户，分别有16口、17口人，民地65亩、67亩，牛四头、一头，并非贫穷人家，却只有草房二间，恐是登记不确。

（10）《成化八年浙江嘉兴府桐乡县永新乡二十八都第三图赋役黄册》中见有2户人家的房屋记录（上海图书馆藏《乐府诗集》卷七十八第3页背）。其中一户有草房二间；另一户有1口人，民地15亩，瓦房一间。[2]

（11）《成化十八年嘉兴府嘉兴县赋役供单》见有9户人家的户口、事产记录（北京大学图书馆藏公文纸印本《程史》目录第2页背、第3页背、第9页背，卷十四第4页背，卷七第13页背，卷五第14页背，卷三第3页背，卷十一第11页背、第5页背）。其一，王阿寿户，旧管男妇5口（王阿

---

① 孙继民、宋坤：《新发现古籍纸背明代黄册文献复原与研究》，第724-729页。
② 孙继民、宋坤：《新发现古籍纸背明代黄册文献复原与研究》，第122页。

寿本人，母陈司员，妻，于闹昌，另一子），官民田地7分2毫，房屋一间，船一只。其二，户名缺，旧管人口男子3口，妇女1口，事产民田地27亩1分8厘1毫，瓦房一间二舍。实在人口3口（父徐已关于成化十四年病故）。其三，王某户。供状人为王某，事产存"房屋：民草房一间二舍"。其四，赵琳户，旧管男子3口，民田14亩5分，房屋一间二舍。其五，户名缺，旧管男子3口，事产有官民田地17亩1分2厘7毫，"民瓦房一间二舍"。实在男子成丁3口（本身，40岁；父袁阿任，60岁；弟袁敬，30岁）。其六，户名缺，旧管男子2口，事产有官田3亩7分2厘9毫，"房屋一间二舍"。其七，张某户，旧管人口缺，事产存官地2亩7厘5毫、民田10亩4分5厘9毫，"房屋：民瓦房一间二舍"。其八，高某户，实在人丁1口（本身，60岁），事产有田2亩（在本都），"房屋：民草房一间二舍"。其九，户名（供状人）缺，男子1口，事产有民田4亩，"房屋：一间二舍"。[1]上述9户人家，有8户的房屋为一间二舍，当是指一间正屋，另有两栋较小的独立房屋。

（12）《弘治三年前直隶苏州府嘉定县服礼乡二十一都第五图赋役黄册》存4户人家的住房记录（上海图书馆藏明刻本

---

① 孔繁敏：《明代赋役供单与黄册残件辑考》（上），《文献》1992年第4期；栾成显：《明代黄册研究》，第54—58页；孙继民、宋坤：《新发现古籍纸背明代黄册文献复原与研究》，第322—323页。

《徐仆射集》正文第131页背、第132页背、第134页背、第129页背）。其一，户名、人口、田地均缺，"房屋：民草房二舍"。其二，户名、人口、田地均缺，"房屋：民草房半间一□"。其三，户名、人口、田地均缺，"房屋：民草房一舍"。其四，户名、人口、田地均缺，"房屋：民草房一间二舍"。[①]上述4户人家人口、事产均不详，然所住皆为草房，分别是二舍、半间一□（当可补出"舍"字）、一舍、一间二舍，居住条件较差。

（13）《弘治三年前某县二十都第二图赋役黄册》存4户人家的住房记录（上海图书馆藏《徐仆射集》正文第59页背、第60页背、第61页背）。其一，户名、旧管人口并缺，事产栏下存"民房：瓦房一间，于（下缺）"一行；实在人口存"男子成丁二口"一行，事产存"民房屋：瓦房一间"。其二，胡田祖户，系二十都第二图民户，旧管男妇4口，事产栏存"民地一分"及"民房屋：瓦房一间"两行。其三，胡□报户，承故父胡南得户，旧管男妇3口，事产存"民地一厘四毫"及"民房屋：草房一间"两行。其四，户名、旧管人口、事产并残缺，存"民房屋：瓦房二间"一行，新收人口2口，

---

① 孙继民、宋坤：《新发现古籍纸背明代黄册文献复原与研究》，第269-271页。

开除2口，实在人口男子成丁1口，民田地山塘4亩6分余。①

（14）《弘治三年前某县二十七都第一图赋役黄册》存1户人家的住房记录（**上海图书馆藏《徐仆射集》正文第73页背**）：其户名、人口、事产均残缺，仅存末一行，"民瓦房屋二间"一行。②

（15）《弘治三年后福建兴化府莆田县左厢第二图赋役黄册》存2户人家的住房记录（**上海图书馆藏《乐府诗集》卷六十七第6页背、第7页背**）。其一，户名、人口均缺，事产记录存三条，"民房屋：瓦房三间"。其二，户名、人口均缺，旧管官民田地山12亩1分，"民房屋：瓦房一间"。③这两户人家住在莆田县城内（**左厢**），住宅皆为瓦房（**三间、一间**）。

（16）《正德七年直隶苏州府昆山县全吴乡第六保第十图赋役黄册》存有2户人家的房屋记录（**上海图书馆藏《乐府诗集》第六册卷二十一第4页背**）。其一，户名、人口、田产均缺，仅存最末一行，"房屋：民草房二舍"。其二，曹阿

---

　　① 孙继民、宋坤：《新发现古籍纸背明代黄册文献复原与研究》，第285－287页。

　　② 孙继民、宋坤：《新发现古籍纸背明代黄册文献复原与研究》，第288页。

　　③ 孙继民、宋坤：《新发现古籍纸背明代黄册文献复原与研究》，第205、525－526页。

祥户，只有曹阿祥1口人，有官民田4亩9分9厘，"房屋：民草房二舍"。①

（17）《正德七年直隶松江府华亭县华亭乡三十七保第四图河字围赋役黄册》存有2户人家的房屋记录（**上海图书馆藏《徐仆射集》正文第25页背、第36页背**），其一，户名、人口、事产并缺，仅存一行，"民草房屋二厦"。其二，户名、人口均缺，事产栏下存"地二分七毫"及"民草房屋正收一厦，系弘治"（**下缺**）两行，皆当是新收事产。②

（18）《正德七年或嘉靖元年直隶苏州府吴县蔡仙乡二十九都赋役黄册》存有3户人家的房屋记录（**上海图书馆藏《徐仆射集》正文第57页背、第46页背、第49页背**）。其一，户名、人口并缺，事产栏存桑三株、"民瓦房屋一厦"。其二，户名、人口并缺，事产栏下存民地山3亩6分2厘、桑13株，及"民瓦房屋二间一厦"。其三，旧管户名、人口、事产并残缺，实在人口4口（**男子、妇女各2口**），旧管事产栏下存桑3株，及"转除：民瓦房屋一间，于正德（**下缺**）"。此

---

① 孙继民、宋坤：《新发现古籍纸背明代黄册文献复原与研究》，第742页。

② 孙继民、宋坤：《新发现古籍纸背明代黄册文献复原与研究》，第272、277页。

户转除瓦房屋一间，则其本有房屋当不止一间。①上述3户人家事产中均注明桑树株数，说明植桑当是其重要收入。3户人家无论事产若何，住宅皆为瓦房屋。

（19）《正德七年直隶扬州府泰州宁海乡二十五都第一里赋役黄册》见有2户人家的住房记录（**上海图书馆藏《乐府诗集》第一册《目录上》第47页背**）。其中一户有"民草房二间，民水牛一只"。另一户樊庆户，有2口人，民草房一间。②

（20）《正德七年福建汀州府永定县溪南里第五图赋役黄册》见有17户人家的房屋记录（**上海图书馆藏《乐府诗集》卷二十八第12页背，卷二十九第3页背、第6页背、第7页背、第8页背、第12页背，卷三十第1页背、第2页背、第4页背、第5页背**）。其一，户名、人口均缺，事产中见有塘4亩9分，"民草房屋二间"。其二，张森户，旧管男妇6口，有民田塘32亩6分，"民草房屋二间"。其三，户名、人口均缺，见有地16亩7分，塘58亩5分，民草房屋二间，"全户死绝"，正除。其四，余广真户，本有5口人，民草房屋二间。

---

① 孙继民、宋坤：《新发现古籍纸背明代黄册文献复原与研究》，第281-283页。

② 孙继民、宋坤：《新发现古籍纸背明代黄册文献复原与研究》，第135-136页。

余广真于先年逃亡，余下的4口人析居转除。其五，户名、人口、田亩均缺，"民草房屋三间。头匹：民水牛一头"。新收缺。其六，江万春户，旧管男妇7口，"民房屋三间"。其七，户名、人口、田亩均缺，存事产，"民草房屋三间。佃种营生"。其八，户名、人口均缺，事产下存地1分，塘1分，"民草房屋二间"。其九，巫永旺户，旧管男妇5口，事产下无田地山塘，"民草房屋三间。头匹：民水牛一头"。实在人口5口。其十，户名缺，实在人口3口，事产无田地山塘，"民草房屋三间"。其十一，萧璘户，旧管男妇3口，"事产：民草房三间"。其十二，户名、人口缺，事产下存太平里塘5分，"民草房屋三间"。其十三，邓瑜户，旧管男妇4口，事产：本里民田8亩3分，"民草房屋三间。头匹：民黄牛一头"。其十四，户名缺，旧管人口缺，新收5口。旧管事产存苎蔴地5分、地6亩4分、塘6亩1分，"民草房屋三间"。其十五，户名、人口缺，事产存民田塘7亩7分，"民草房屋二间"。其十六，户名、人口均缺，事产下存塘1亩，"民草房屋二间"。其十七，范福隆户，旧管男妇5口，事产下存民田3分，"民草房屋三间"。[①] 上述17户人家，均住在草房屋里，其中10户有三间，7户有二间。

---

① 孙继民、宋坤：《新发现古籍纸背明代黄册文献复原与研究》，第163、166-167、554-572页。

（21）《嘉靖丨　年浙江衢川府龙游县赋役黄册》见有3户人家的房屋记录（上海图书馆藏明嘉靖十二年刻本《崔豹古今注》第6页背、第13页背、第26页背）。其一，户名缺，人口当为2口（**本身、嫂赵氏**），事产："民瓦房屋二间"。其二，户名、人口、事产均残缺，存"民瓦房屋三间"一行。其三，朱渴户，系衢州府龙游县瀫水乡四都六图民，充嘉靖十二年份甲首，旧管男妇4口（**男子1口，妇女3口**），有民田4分，"民瓦房屋五间"，牛一头。①

（22）《嘉靖四十一年山西汾州南郭西厢关厢第十一图赋役黄册》存有11户人家的房屋记录（上海图书馆藏《乐府诗集》目录上第2页背、第3页背、第11页背、第20页背、第21页背，第十四册卷八十一第8页背、第9页背，卷三第15页背、第17页背，目录上第24页背）。其一，户名缺，嘉靖四十一年（1562）实在人口3口（**本身，45岁；妻阿武，40余岁；男李图重，10余岁**），有平地10亩3分5厘（**在本图田村**），以卖菜营生，"房屋：赁住"。其二，户名亦缺，实在人口2口（**本身，45岁；妻阿王，40余岁**），事产包括"本图舍后民平地一亩二分四厘"余，"房屋：瓦屋三间，瓦厦房二厦。头匹：牛大一头，驴大一头"。其三，田锁住

---

①　孙继民、宋坤：《新发现古籍纸背明代黄册文献复原与研究》，第292–295页。

户，只有田锁住1人，80余岁，以货郎营生，赁房屋居住。其四，户名、人口、田产均缺，仅存最末一行，"房屋：瓦房一间"。其五，田友户，旧管全家7口人，有民平地1亩8分9厘（在本图雷家），瓦房一间。在此前十年中，死亡6口，实在仅余1口。其六，户名缺，人口栏下仅存王子和妻阿周、王民仰妻阿崔二人，事产有官民地11亩8分5厘，"房屋：瓦房一间；瓦厦房一厦"。其七，户名缺，人口下存妇女4口，事产有民地26亩8分2厘等，"房屋：瓦房五间，瓦厦房二厦"。其八，户名、人口均缺，田地不全，房屋有瓦房九间，瓦厦房二厦，土房一厦。其九，户名、旧管人口、事产均残缺，仅记有"房屋：赁住。头匹：牛大一只"，实在男妇9口（其中男子6口，妇女3口）。其十，史永吉户，旧管男妇34口，事产有民地1顷8亩4分2厘7毫（其中平地1顷5亩9分2厘7毫，碱地2亩5分），油房1座（岁征钞七贯二百文余），"房屋：瓦房三间，瓦厦房三厦。车辆：大车一辆。头匹：牛大一只，驴大一头"。正除死亡男妇10口，新收缺。第十一，户名缺，人口下存妇女4口，事产有民地1顷7亩3分8厘7毫，油房1座（岁征钞七贯二百文），"房屋：瓦房三间，瓦厦房三厦。车辆：大车一辆。头匹：牛大一只，驴大一头"。[①]以上11户人家住

---

①　孙继民、宋坤：《新发现古籍纸背明代黄册文献复原与研究》，第747–755、186、577–578页。

在汾川南郭关厢，田产均不多，属于城市平民。其中3户人家赁房居住，8户人家均有自己的房屋。"瓦屋三间，瓦厦房二厦"，当是一套三合院；"瓦房五间，瓦厦房二厦"，也是一套三合院；"瓦房三间，瓦厦房三厦"，当是四合院；"瓦房九间，瓦厦房二厦，土房一厦"，当为两进的宅院；"瓦房一间，瓦厦房一厦"，其平面当呈曲尺形，也当有院落。

（23）《嘉靖年间山西大同府应州泰定坊赋役黄册》存5户人家的住宅记录（**上海图书馆藏明刻本《梁昭明太子集》卷全第6页背、目录第2页背、卷全第47页背、卷全第18页背**）。其一，户名、人口均缺，事产有民地44亩2分，"房屋：土房一间"。其二，何旺户（**何良户**），系应州泰定坊民户，旧管男妇3口，官民地16亩5分，"房屋：土房一间"。实在人口：男妇3口。其三，户名、人口并缺，事产碱地25亩，"房屋：土房一间。车辆：小车一辆。头匹：牛大一只"。其四，户名、旧管人口缺，旧管事产存民地57亩，"房屋：土房土户。车：小车一辆。头匹：牛大一只"。实在人口3口，事产57亩5分。其五，户名缺，实在人口男妇4口，事产民地15亩8分6厘，旧管"房屋：土房一间"。[①]应州泰定坊的5户人家均有官民地10余亩至50余亩，其中三家有牛、车，其所

---

① 孙继民、宋坤：《新发现古籍纸背明代黄册文献复原与研究》，第240–245、584页。

居住的"土房"当是窑洞。

（24）《隆庆六年直隶扬州府如皋县县市西厢第一里赋役黄册》（哈佛大学燕京图书馆藏《韵学集成》第二册卷二第22、98页背）存有2户人家的房屋记录。其一，户名、人口、事产均缺，仅存一行，"房屋：民草房三间"。其二，纪沐户，旧管男妇3口（父纪昆，隆庆二年病故；步纪春，隆庆五年病故；古氏，嘉靖四十五年病故），"房屋：民草房三间。头匹：水牛一只"。实在男妇2口（本身，31岁，上次造册时漏报；妻周氏，20岁，新娶泰兴周明女），仍有草房三间、水牛一只。[①]

（25）《万历十年山东兖州府东平州东阿县赋役黄册》存有9户人家的房屋记录（上海图书馆藏明万历十年刻本《赵元哲诗集》第一册后序第2页背，第一册正文第7页背、第17页背，第三册第1页背、第10页背、第16页背，第二册第2页背、第11页背）。其一，户名缺，男妇2口（本身，15岁；妇王氏，16岁），无田产，有民草房一间。这是一对年轻夫妇的家庭，住在一间草房里。其二，户名、人口均缺，夏税地40亩2分，秋粮地93亩8分，绵（棉）花地18亩7厘6毫，"房屋：民草房一间"。其三，黄朝章户，实在人口男妇3口

---

① 孙继民、宋坤：《新发现古籍纸背明代黄册文献复原与研究》，第781-783页。

（男子2口，妇女1口），事产有民地1亩1分8厘9毫，"房屋：草房一间"。其四，户名、人口均缺，事产不全，"房屋：民草房一间"。其五，赵堂户，旧管1口，"房屋：民草房二间"。实在亦为男1口（**本身，60余岁**），"房屋：民草房二间"。其六，户名、人口、田产均缺，"房屋：民草房二间"。其七，户名、人口缺，事产存秋粮地87亩3分8厘，绵（棉）花地1亩7分4厘7毫，"房屋：民草房二间。头匹：黄牛二只"。其八，冠君仁户，旧管男妇2口，事产栏下仅记有"房屋：民草房二间"。其九，户名、人口均缺，仅存"房屋：民草房一间。头匹：黄牛一只"。[①]以上9户人家，均住在草房里，其中4户有二间，5户有一间。

（26）《万历二十五年严州府遂安县十都上一图五甲黄册残件》（**北京图书馆藏**），见有金尚些户的人口、事产记录。金尚些系遂安县拾都上一图民籍，轮充万历二十五年分甲首。旧管男妇5口（**金尚些夫妻，二子、一媳**），田地山25亩7分6厘，"民瓦房屋一间，民头匹牛一头"。从万历十五年到万历二十五年间，金家的两个儿子先后病亡，儿媳陈氏在儿子亡后的翌年（**万历十八年**）改嫁给开化县八都汪成；而金尚些夫妇分别于万历十年、十四年生下了归宗和三十两个儿

---

① 孙继民、宋坤：《新发现古籍纸背明代黄册文献复原与研究》，第756-761、635-638、298、311页。

子，并给儿子（当是归宗）娶了媳妇汪氏（小口，未成年，是开化县六都汪白的女儿）。这样，到万历二十五年，金家实在5口（本身，40岁；妻程氏，38岁；男归宗，10岁；男三十，6岁；儿媳汪氏，9岁），有田地山12亩1分7毫，民瓦房屋一间，牛一头。[1]

（27）《崇祯十四年祁门县五都洪公寿户清册供单》（中国社会科学院历史研究所图书馆藏）存有洪公寿户的人口、事产记录。洪公寿户属祁门县五都某图，旧管男妇4口（男子3口，妇女1口），事产包括田地山塘31亩4分9厘7丝8忽，"民草房叁间"。实在男妇4口（本身，47岁；妻程氏，45岁；男大兴，16岁；弟天道，45岁），田地塘仍旧。[2]

上述27宗赋役黄册或供单，记录了110个民户的住宅情况。除去《永乐二十年某县二十八都第九图赋役黄册》《天顺六年某县一都一图赋役黄册》《天顺六年某县一都一图赋役黄册》《弘治三年前某县二十都第二图赋役黄册》《弘治三年前某县二十七都第一图赋役黄册》等5宗文书所著录的15户人家不详其所属何府县外，其余95户人家分属于直隶苏州府（14

---

① 栾成显：《明代黄册研究》，第65—66页。
② 赵金敏：《明代黄册的发现与考略》，《中国历史博物馆馆刊》1996年第1期；栾成显：《明代黄册研究》，第88—91页。

户）、松江府（6户）、徽州府（6户）、扬州府（4户），浙江嘉兴府（11户）、衢州府（3户）、金华府（1户）、严州府（1户），福建汀州府（17户）、兴化府（2户），山东兖州府（9户）、东昌府（5户），山西汾州（11户）、大同府（5户）。在上文梳理的基础上，我们将上述五省十四府州95户的人口（以其较多时计）、事产（田亩以其最多时计，取其约数）与住宅情况列如表3。

表3　明代赋役黄册所见部分民户的住宅

户名	籍属	人口	田亩（精确到分）	房屋	其他事产
佚名	苏州府长洲县吴官乡	缺	缺	草房一间	十料船一只
金泰安	苏州府长洲县吴官乡	4口	16亩5分	一间一厦	
佚名	苏州府长洲县吴官乡	缺	缺	草房一间二厦	
陆寿孙	苏州府长洲县吴官乡	3口	1亩1分	一间一厦	
佚名	苏州府长洲县吴官乡	缺	缺	一间二厦	
佚名	苏州府嘉定县服礼乡	缺	缺	草房二舍	
佚名	苏州府嘉定县服礼乡	缺	缺	草房半间一□	
佚名	苏州府嘉定县服礼乡	缺	缺	草房一舍	

户名	籍属	人口	田亩（精确到分）	房屋	其他事产
佚名	苏州府嘉定县服礼乡	缺	缺	草房一间一舍	
佚名	苏州府昆山县全吴乡	缺	缺	草房二舍	
曹阿祥	苏州府昆山县全吴乡	1口	4亩9分9厘	草房二舍	
佚名	苏州府吴县蔡仙乡	缺	缺	瓦房屋一厦	桑3株
佚名	苏州府吴县蔡仙乡	缺	3亩6分	瓦房屋二间一厦	桑13株
佚名	苏州府吴县蔡仙乡	4口	缺	至少瓦房屋一间	桑3株
王阿保	松江府上海县长人乡	4口	7亩4分7厘	草房二间	
佚名	松江府上海县长人乡	缺	缺	草房一间	
康阿转	松江府上海县长人乡	2口	24亩	房屋一间	
佚名	松江府上海县长人乡	缺	缺	草房二间	
佚名	松江府华亭县华亭乡	缺	缺	草房屋二厦	
佚名	松江府华亭县华亭乡	缺	缺	收草房屋一厦	
李景祥	徽州府祁门县	4口	32亩4分	瓦房二间	
胡成祖	徽州府歙县十七都	3口	1亩2分	瓦房二间	

续表

户名	籍属	人口	田亩（精确到分）	房屋	其他事产
黄福寿	徽州府歙县十七都	6口	1亩7分	瓦房三间	黄牛一头
佚名	徽州府歙县十七都	1口	缺	瓦房一间	
佚名	徽州府歙县十七都	缺	缺	瓦房一间	
洪公寿	徽州府祁门县五都	4口	31亩5分	草房三间	
佚名	扬州府泰州宁海乡	缺	缺	草房二间	水牛一只
樊庆	扬州府泰州宁海乡	2口	缺	草房一间	
佚名	扬州府如皋县市西厢	缺	缺	草房三间	
纪沐	扬州府如皋县市西厢	3口	缺	草房三间	水牛一只
佚名	嘉兴府桐乡县永新乡	缺	缺	草房二间	
佚名	嘉兴府桐乡县永新乡	1口	15亩	瓦房一间	
王阿寿	嘉兴府嘉兴县	5口	7分	房屋一间	船一只
佚名	嘉兴府嘉兴县	4口	27亩2分	瓦房一间二舍	
王某	嘉兴府嘉兴县	缺	缺	草房一间二舍	

续表

户名	籍属	人口	田亩（精确到分）	房屋	其他事产
赵琳	嘉兴府嘉兴县	3口	14亩5分	一间二舍	
佚名	嘉兴府嘉兴县	3口	17亩1分	瓦房一间二舍	
佚名	嘉兴府嘉兴县	2口	3亩7分	一间二舍	
张某	嘉兴府嘉兴县	缺	13亩5分	瓦房一间二舍	
高某	嘉兴府嘉兴县	1口	2亩	草房一间二舍	
佚名	嘉兴府嘉兴县	1口	4亩	一间二舍	
佚名	衢州府龙游县	2口	缺	瓦房屋二间	
佚名	衢州府龙游县	缺	缺	瓦房屋三间	
朱渴	衢州府龙游县濲水乡	4口	4分	瓦房屋五间	牛一头
倪有	金华府永康县义丰乡	1口	9亩3分	二间	
金尚些	严州府遂安县十都	5口	25亩8分	瓦房屋一间	牛一头
佚名	汀州府永定县溪南里	缺	有塘4亩9分	草房屋二间	
张森	汀州府永定县溪南里	6口	32亩6分	草房屋二间	

续表

户名	籍属	人口	田亩（精确到分）	房屋	其他事产
佚名	汀州府永定县溪南里	缺	有地、塘75亩	草房屋二间	
余广真	汀州府永定县溪南里	5口	无	草房屋二间	
佚名	汀州府永定县溪南里	缺	缺	草房屋三间	水牛一头
江万春	汀州府永定县溪南里	7口	缺	房屋三间	
佚名	汀州府永定县溪南里	缺	缺	草房屋三间	佃种营生
佚名	汀州府永定县溪南里	缺	存地、塘2分	草房屋二间	
巫永旺	汀州府永定县溪南里	5口	无	草房屋三间	水牛一头
佚名	汀州府永定县溪南里	3口	无	草房屋三间	
萧璘	汀州府永定县溪南里	3口	无	草房三间	
佚名	汀州府永定县溪南里	缺	存塘5分	草房屋三间	
邓瑜	汀州府永定县溪南里	4口	8亩3分	草房屋三间	黄牛一头
佚名	汀州府永定县溪南里	缺	有地、塘13亩	草房屋三间	
佚名	汀州府永定县溪南里	缺	田、塘7亩7分	草房屋二间	

续表

户名	籍属	人口	田亩（精确到分）	房屋	其他事产
佚名	汀州府永定县溪南里	缺	塘1亩	草房屋二间	
范福隆	汀州府永定县溪南里	5口	田3分	草房屋三间	
佚名	兴化府莆田县左厢	缺	缺	瓦房三间	
佚名	兴化府莆田县左厢	缺	12亩1分	瓦房一间	
佚名	兖州府东平州东阿县	2口	无	草房一间	
佚名	兖州府东平州东阿县	缺	152亩	草房一间	
黄朝章	兖州府东平州东阿县	3口	1亩2分	草房一间	
佚名	兖州府东平州东阿县	缺	不全	草房一间	
赵堂	兖州府东平州东阿县	1口	无	草房二间	
佚名	兖州府东平州东阿县	缺	缺	草房二间	
佚名	兖州府东平州东阿县	缺	89亩1分	草房二间	黄牛二只
冠君仁	兖州府东平州东阿县	2口	无	草房二间	
佚名	兖州府东平州东阿县	缺	缺	草房一间	黄牛一只

258

续表

户名	籍属	人口	田亩（精确到分）	房屋	其他事产
佚名	东昌府荏平县三乡	缺	缺	草房二间	牛二只
刘橛枚	东昌府荏平县三乡	16口	65亩	草房二间	牛四只
王仓儿	东昌府荏平县三乡	17口	67亩	草房二间	牛一只
佚名	东昌府荏平县三乡	缺	缺	草房一间	
金得林	东昌府荏平县三乡	4口	24亩	草房一间	
佚名	汾州南郭西厢关厢	3口	10亩4分	赁住	卖菜营生
佚名	汾州南郭西厢关厢	2口	1亩2分	瓦屋三间，瓦厦房二厦	大牛一头，大驴一头
田锁住	汾州南郭西厢关厢	1口	无	赁屋居住	货郎营生
佚名	汾州南郭西厢关厢	缺	缺	瓦房一间	
田友	汾州南郭西厢关厢	7口	1亩9分	瓦房一间	
佚名	汾州南郭西厢关厢	缺	11亩9分	瓦房一间，瓦厦房一厦	
佚名	汾州南郭西厢关厢	缺	26亩8分	瓦房五间，瓦厦房二厦	

续表

户名	籍属	人口	田亩（精确到分）	房屋	其他事产
佚名	汾州南郭西厢关厢	缺	缺	瓦房九间，瓦厦房二厦，土房一厦	
佚名	汾州南郭西厢关厢	9口	缺	赁住	大牛一只
史永吉	汾州南郭西厢关厢	34口	1项8亩4分	瓦房三间，瓦厦房三厦	油房一座，大车一辆，大牛一头，大驴一头
佚名	汾州南郭西厢关厢	缺	1项7亩4分	瓦房三间，瓦厦房三厦	油房一座，大车一辆，大牛一头，大驴一头
佚名	大同府应州泰定坊	缺	44亩2分	土房一间	
何旺	大同府应州泰定坊	3口	16亩5分	土房一间	
佚名	大同府应州泰定坊	缺	25亩	土房一间	小车一辆，大牛一头
佚名	大同府应州泰定坊	3口	57亩5分	土房土户	小车一辆，大牛一头
佚名	大同府应州泰定坊	4口	15亩9分	土房一间	

说明：表中田亩类，精确到分。记录不全者并作"缺"

由表3可以见出：（1）房屋的间数从一间到九间不等，

每户拥有一间、两间房屋所占的比例相当大，三间（包括三间、一间二舍、一间两厦等）并不占据主流地位。（2）可以推定属于三合院或四合院的住宅，主要在汾州南郭西厢关厢，而且是较为富裕的民户；在南直隶、浙江、福建以及山东地区，很少见到可以确证属于三合院或四合院的住宅。（3）无论是在一般认为经济较为发达的苏州府、松江府、嘉兴府，还是地处山区的福建汀州府，草房都在乡村平民住宅中占据主导地位。城市（如汾州南郭西厢关厢、兴化府莆田县左厢）的住宅则以瓦房为主；徽州歙县、祁门县的乡村住宅，可能瓦房较多。因此，总的说来，平民住宅的差别，主要表现为城乡差别与贫富差别，而不是南北方差别或地域性差别。

八、中国古代平民住宅及其演变之总概

综上考述，可以认知：

（1）"一堂二内"（"一宇二内""一明二暗"）布局的房屋，起源于新石器时代中晚期出现并逐步发展的、由两个内部通联的房间构成的双室或多室房屋，此种类型的居住房屋是为了适应家庭人口的增加、住屋内空间的功能分划，以及空间使用的性别与代际分划而形成的。经过缓慢曲折的演变，到二里头时期至商代中期，不同地区均相继形成了与后世"一堂二内"（"一宇二内""一明二暗"）格局大致相仿的住屋形式。在这一演变过程中，人们将部分居住与生活设施安排在房屋周围，并用竹篱、土垣等障蔽物将之标识并保护起来，从而形成院落。

（2）云梦睡虎地秦墓竹简所见"一堂二内"的住宅，

当即由一个居中间位置的"宇"和两侧各一个内室（"东内""西内"或"大内""小内"）、共三间房屋构成。"宇"的本义是指屋檐伸出构成的遮蔽风雨的部分，一般位于房屋的正中间，亦即在"堂"的门外，故"一宇二内"又称为"一堂二内"。三间房屋的正门开在中间，堂内较为明亮，两侧的内室较为昏暗，所以，"一堂二内"（"一宇二内"）又称为"一明二暗"。房屋外面有土垣或藩篱围绕，构成院子；正面（**一般为南面**）的院墙中间开一道门，作为院门。房屋一般位于院内偏北，院内还有囷、廥、井、圈等生活设施。以"一宇二内"房屋为中心、有院墙环绕的宅院，可以看作为秦时编户齐民较为理想或视为标准的住宅形式。

（3）秦汉时期所说的"宅"乃是指宅地（**宅基地**），包括园，故又称为宅园。汉初的"方三十步"（**九亩**）之宅与武帝之后的"三亩之宅"，分别相当于1729平方米、1383平方米，乃是汉代平民标准的住宅占地面积。宅园的核心是"室屋"，仍当以"一堂二内"为标准，其室内面积，大抵以20平方米-30平方米最为常见。一堂二内的布局，有两种类型：一是堂居中，两旁各有一内；二是堂居前，二内居后，即所谓前堂后寝。在室屋周围，多用垣、墙、墉或篱、栅围绕，形成庭院。灶、爨、井、仓、库、厩、廥、囷、庾、囤、圈、厕等生产生活附属设施一般置于院内，亦有将井、厕置于院外者。三杨庄汉代聚落遗址所揭示的庭院，多由二进院构成：第一进院内较少建筑，应是生产和贮藏场所；主屋位于第二进院内，一般由二间或三间构成。

（4）魏晋南北朝时期，宅园的占地面积，较之汉代，有所扩大。魏晋南朝人观念中，一座宅院的占地面积，原则上当有五亩，所谓"五亩之宅"，约为2530平方米-2636平方米；北魏人所说的"方三十步之宅"，当3.75亩，约为2123平方米-2916平方米。太和九年（485）均田令，"新居"之民每三口"给地一亩，以为居室"。北魏时的一亩，约合566平方米-778平方米。以五口之家、给地二亩论，亦少于汉代每户的宅地面积。"旧民"之园宅地，当即其固有之园宅地，而无论其户口多少、实有园宅地多少，其园宅地多登记为一亩。魏晋南北朝时期北南方普通民户的住宅，与汉代相比，大抵草屋所占比重更大，砖墙瓦顶的房屋所占比重更小。

（5）根据隋唐均田制的规定，天下百姓每三口皆得受园宅地一亩，约当540平方米。在高昌地区，著籍的编户齐民虽然按照规定每户均可受一亩园宅地，但事实上，其所拥有的园宅地大多只有四十步或七十步。吐鲁番文书中所见西州民户的园宅地，大部分皆当是其固有的园宅地，没有确切证据表明其来自唐王朝所给授。而在敦煌地区，每家民户的园宅地的标准面积，应当是一亩（240步）。敦煌籍帐中所记民户已受居住园宅的面积（多为一亩，或一亩、二亩，尤超过二亩者），大抵是根据当户所有的宅舍，以一处宅舍当一亩计算的，并非根据实际丈量数据；未记录给受居住园宅的民户，也并非没有园宅，其园宅面积也未必即不足一亩，只是没有单独丈量计算其居住园宅的面积，而将其与相邻的田亩一起丈量计算。吐鲁番文书所见的园宅，实际上只是指宅院，并不包括园地，故其面积（四十步或七十步）比敦煌文书所记园宅面积（一亩及以上）要小得多。根据唐令，庶人堂舍，不得过三间四架，即最多用四根桁梁（包括主桁）架起屋顶的房屋三间；门屋不得过一间两架，即最多由两根桁梁架起屋顶的房屋一间。三间正屋（一般为三架，不得过四架），一间门屋（两架），是唐代标准的平民住宅。门屋与堂舍之间，即构成院落。四合院或三合院被视为标准的院落形式。贫穷人家则只有一两间草舍。

（6）宋元时期普通民户的宅地，不再有面积的规定或限制；平民之家的宅舍也不再与园、场直接相连，故一般不再使用"居住园宅"指称民户住宅。宋代对于庶民百姓的住宅规制，实际上已较少控制。庶人舍屋，没有规定间数；许五架，较之唐制，增加了一架，即每间房屋有一根平水（脊梁），两侧各二根桁梁，屋顶构成对称的人字坡。元代对于庶人住宅的限制更为宽松，只是禁止民屋的项脊上使用鳞爪瓦兽与陶人，对于房屋间架数没有规定。宋代沿用五代以来的政策，继续征收城镇坊郭户的房屋税，将城郭房屋分为十等（或二十等），按等次、间架数征税。元代则一般不向府州军县城镇坊郭户征收屋税，而改以征收房屋交易税，税率约为房价的百分之二三。一堂二内式的三间房屋，仍应当宋元时期较为标准或较为理想的平民住宅。三间房屋的基地约占三分地，相当于200平方米左右（**包括庭院**）。贫穷人家的住宅则只有两间乃至一间。两间住屋，没有堂，室前是狭窄的庭院，用篱笆围起来，这种格局，可能相当普遍。元代湖州户籍文书所见湖州地区普通民户的住宅，从很小的一步（**披，披间**）、一厦（**一间厢房**）、一舍（**独立的较小房屋**）、一间，到较大的七间、五间一厦不等。其住宅格局，除一间、两间、三间、四间、七间等之外，还包括一间一厦、一间半一厦、二间一厦、二间半一厦、三间一厦、四间一厦、五间一厦，一间一舍、一间半二舍、二间一舍、二小间一舍、一间半一舍，一间一步（**披**）或一间并步、一间半并步、一间一厦并步、二间一步、一间二步、二间二步、三间一步，四间二厦、二间二厦、三间二厦、一间二厦以及楼屋等。黑水城文书所反映的元代亦集乃路民户的住宅情况，包括了较为富裕人家的三所七间、五间，贫苦民户的一间和赁屋居住的情况，较为普通的平民人家则当有二、三、四间房屋。

（7）明初户帖所记录的8户人家，分别住在二间二舍、一间一披、一间一厦、五间、瓦屋三间、草屋一间、草屋一间、瓦房三间的房屋里。今见27宗明代赋役黄册及其相关文书所记录的110个民户，所拥有房屋的间数从一间到九间不等，每户拥有一间、两间房屋所占的比例相当大，三间（包括三间、一间二舍、一间两厦等）并不占据主流地位。三合院或四合院的住宅，主要在汾州南郭西厢关厢，而且是较为富裕的民户住宅；在南直隶、浙江、福建以及山东地区，很少见到可以确证是三合院或四合院的住宅。无论是在一般认为经济较为发达的苏州府、松江府、嘉兴府，还是地处山区的福建汀州府，草房都在乡村平民住宅中占据主导地位。城市（如汾州南郭西厢关厢、兴化府莆田县左厢）的住宅则以瓦房为主；徽州歙县、祁门县的乡村住宅，可能瓦房较多。平民住宅的差别，主要表现为城乡差别与贫富差别，而不是南北方差别或地域性差别。

屋舍、庭院与园宅是本书考察中国古代平民居住方式及其变化的三个要素。据上文考察，主要表现为"一堂二内"（"一宇二内""一明二暗"）布局的三间房屋，早在新石器时代中晚期即已萌蘖，至春秋战国、秦汉时期渐趋于成熟，被视为理想或标准的住宅形式。唐宋时期，庶人之屋，亦以三间四架（或三架、五架）为标准。茅屋（草屋）三间更被诗人士子视为理想的乡村住宅。可是，由元代湖州路户籍文书、黑水城文书及明代户帖、赋役黄册及相关文书所见元代湖州、亦集乃路与明代直隶、浙江、山东、山西各府州普通民户的住宅，则多在二间、一间，只有较为富裕的民户才拥有三间及以上的房屋。据此，反推宋代及汉唐时期的民户住宅，亦当以二间、一间最为普遍，"一堂二内""三间四架"（或三架、五架）式的房屋，大抵只是较为理想或标准的住宅形式，实际上，大多数普通民户的住宅，达不到这一标准。同时，元代湖州路户籍文书、黑水城文书及明代户帖、赋役黄册及相关文书的记录，表明平民住宅表现出复杂多样的结构与形态，而其居住面积总的说来相对较小，也反映出中国古代平民百姓的居住条件总体而言都比较差。

同样，由土垣、藩篱环绕屋舍而形成的宅院（庭院、院落）也早在新石器晚期即已出现，到秦汉时期亦已成熟，并形成了二进院乃至三进院，以及三合院、四合院；魏晋南北朝以至隋唐五代时期，宅院可能得到长足的发展，至少在北方地区，三合院、四合院逐步成为富裕人家的标准宅院形式。宋代南方地区的宅院主要由藩篱环绕，而且形状不规则，但仍在不同程度上发挥着区隔宅院内外、维护家庭财产安全的作用。尽管如此，相对封闭的宅院并非普遍的存在，即使在汉唐时期，南方一些地区可能也并不普遍使用垣、篱环绕屋舍，而采用开放式的庭院。上述元明户籍赋役文书，或因为文书登录规则之限制，并未载明其所述民户房屋是否有围垣，然文书多未记录门屋，表明即使有藩篱环绕，也并未形成严整的封闭式院落。而汾州南郭西厢关厢存有较多的三合院、四合院，则暗示封闭式宅院（**特别是三合院、四合院**）在北方地区或者比在南方地区更为普遍。

关于宅地（**园宅、居住园宅**）面积的规定或限制，可能源于秦时授庶人九亩（**约合1729平方米**）之宅。《二年律令》规定的"方三十步"之宅，亦即秦时所说的九亩之宅。汉武帝之后，以三亩为宅地之标准，约相当于1383平方米。魏晋南朝时期，对宅地的限制最为宽广，所谓"五亩之宅"，约相当于2530平方米-2636平方米。至北魏推行均田制，"新居"之民每三口得给地一亩，以为居室，大约相当于566平方米-778平方米。隋唐制度，亦大抵以一亩为限，所谓一亩居住园宅乃成为一户人家的宅地标准。在一亩宅中，"宅"（**宅院、院落**）约占二至三分，即四分之一至三分之一，其余则为"园"。此种规定，当唐前期均田制实行之时，即没有证据表明南方地区曾经实行。两税法实行后，关于居住园宅的给授与相关规定盖渐次废弛；而在城郭及部分乡村地区，则断续征收房屋税。房屋税既按间架征收，至五代两宋，又主要向城镇坊郭户征收，乡村民户宅地之大小，遂失去税收意义，故宋元明清时期，不再见有关于宅地面积的限制。

研究中国古代平民住宅，目标在于弄清中国古代平民百姓的居住条件、水平及其时代与区域差异，分析地理环境、经济发展、政治变动特别是王朝国家的政策变动、文化传统等因素对于民众居住方式的影响或制约，探究居住空间及其变化的社会根源与影响。本书的探索仅限于初步考察中国古代平民住宅的基本形式及其变化，只是此项研究的起步，更为深入细致的创新性研究，惟有俟诸来者。

征引文献

一、基本文献（按书名首字音序排列）

《白居易集》，顾学颉校点，北京：中华书局，1979年。

《楚辞补注》，洪兴祖，北京：中华书局，1983年。

《大元圣政国朝典章》，北京：中国广播电视出版社，1998年，影印本。

《敦煌契约文书辑校》，沙知辑校，南京：江苏古籍出版社，1998年。

《敦煌社会经济文献真迹释录》第2辑，唐耕耦、陆宏基编，北京：全国图
书馆文献缩微复制中心，1990年。

《敦煌石窟全集》第7卷《法华经画卷》，敦煌研究院主编，上海：上海人
民出版社，2000年。

《敦煌石窟全集》第25卷《民俗画卷》，敦煌研究院主编，上海：上海人
民出版社，2001年。

《俄罗斯科学院东方研究所圣彼得堡分所藏敦煌文献》，俄罗斯科学院东方研究所圣彼得堡分所等编，上海：上海古籍出版社，1992—2000年。

《法国国家图书馆藏敦煌西域文献》，上海古籍出版社、法国国家图书馆编，上海：上海古籍出版社，2001—2003年。

《韩非子集释》，陈奇猷校注，上海：上海人民出版社，1974年。

《汉书》，北京：中华书局，1962年。

《黑城出土文书（汉文文书卷）》，李逸友，北京：科学出版社，1991年。

《淮南鸿烈集解》，刘文典，北京：中华书局，1989年。

《徽州千年契约文书》（宋元明编），王钰欣、周绍泉主编，石家庄：花山文艺出版社，1993年。

（崇祯）《嘉兴县志》，《日本藏中国罕见地方志丛刊》本，北京：书目文献出版社，1991年。

《剑南诗稿》，陆游，见《陆游集》，北京：中华书局，1976年。

《建炎以来系年要录》，上海：上海古籍出版社，2018年。

《晋书》，北京：中华书局，1974年。

《旧唐书》，北京：中华书局，1975年。

《旧五代史》，《点校本二十四史修订本》，北京：中华书局，2016年。

《李商隐诗歌集解》，刘学锴、余恕诚，北京：中华书局，2016年。

《礼记集解》，孙希旦，北京：中华书局，1989年。

《梁书》，北京：中华书局，1973年。

《六臣注文选》，李善等，北京：中华书局，1987年，影印本。

《楼钥集》，《浙江文丛》本，第5册，杭州：浙江古籍出版社，2010年。

《栾城集》，曾枣庄、马德富校点，上海：上海古籍出版社，2009年。

《论衡校释》，黄晖，北京：中华书局，1990年。

《孟子正义》，焦循，北京：中华书局，1987年。

《名公书判清明集》，北京：中华书局，1987年。

《能改斋漫录》，吴曾，上海：上海古籍出版社，1960年。

《濮镇纪闻》，胡琢，《中国地方志集成·乡镇志专辑》第21册，上海：上
    海书店，1992年。

《秦简牍合集》[壹]，陈伟主编，武汉：武汉大学出版社，2014年。

《全唐诗》，北京：中华书局，1960年。

《全元散曲》，隋树森编，北京：中华书局，1964年。

《商君书注译》，高亨，北京：中华书局，1974年。

《诗三家义集疏》，王先谦，北京：中华书局，1987年。

《史记》，北京：中华书局，1959年。

《释名疏证补》，刘熙撰、毕沅疏证、王先谦补，北京：中华书局，2008
    年。

《水经注疏》，郦道元注，杨守敬、熊会贞疏，南京：江苏古籍出版社，
    1989年。

《睡虎地秦墓竹简》（精装本），睡虎地秦墓竹简整理小组，北京：文物

出版社，1990年。

《说文解字》，许慎，北京：中华书局，1963年。

《四民月令校注》，崔寔撰、石声汉校注，北京：中华书局，2013年。

《宋大诏令集》，北京：中华书局，1962年。

《宋会要辑稿》，北京：中华书局，1957年，影印本。

《宋史》，北京：中华书局，1977年。

《宋书》，北京：中华书局，1974年。

《隋书》，北京：中华书局，1973年。

《太平广记》，北京：中华书局，1961年。

《太平御览》，北京：中华书局，1960年。

《唐会要》，王溥，北京：中华书局，1955年。

《唐六典》，北京：中华书局，1992年。

《天一阁藏明钞本天圣令校证》，天一阁博物馆、中国社会科学院历史研
    究所天圣令整理课题组校证，北京：中华书局，2006年。

《通典》，北京：中华书局，1988年。

《吐鲁番出土文书》，第四册，国家文物局古文献研究室等编，北京：文
    物出版社，1983年。

《吐鲁番出土文书》，第六册，国家文物局古文献研究室等编，北京：文
    物出版社，1985年。

《吐鲁番出土文书》，第七册，国家文物局古文献研究室等编，北京：文
    物出版社，1986年。

《吐鲁番出土文书》，第九册，国家文物局古文献研究室篇编，北京·文

物出版社，1990年。

《王梵志诗校注》（增订本），项楚，上海：上海古籍出版社，2010年。

《王荆文公诗笺注》，王安石著、李壁笺注，上海：上海古籍出版社，

2010年。

《魏书》，北京：中华书局，1974年。

《五代会要》，上海：上海古籍出版社，1978年。

《新校参天台五台山记》，成寻著、王丽萍点校，上海：上海古籍出版

社，2009年。

《新唐书》，北京：中华书局，1975年。

（康熙）《杏花村志》，《中国地方志集成·乡镇志专辑》第27册，南京：

江苏古籍出版社，1992年。

《续资治通鉴长编》，北京：中华书局，2004年。

《荀子集解》，王先谦，北京：中华书局，1988年。

《杨万里诗文集》，杨万里著、王琦珍整理，南昌：江西人民出版社，

2006年。

《扬雄方言校释汇证》，华学诚，北京：中华书局，2006年。

《英藏敦煌文献（汉文佛经以外部分）》，第二卷，中国社会科学院历史

研究所、英国国家图书馆等，成都：四川人民出版社，1990年。

《英藏敦煌文献（汉文佛经以外部分）》，第六卷，中国社会科学院历史

研究所等编，成都：四川人民出版社，1992年。

《英藏敦煌文献（汉文佛经以外部分）》，第十卷，中国社会科学院历史研究所等编，成都：四川人民出版社，1994年。

《元代湖州路户籍文书》，王晓欣、郑旭东、魏亦乐编著，北京：中华书局，2021年。

《元典章》，北京：中华书局，2011年。

《元刊本梦溪笔谈》，北京：文物出版社，1975年，影印本。

《元史》，北京：中华书局，1976年。

《岳麓书院藏秦简》（叁），朱汉民、陈松长主编，上海：上海辞书出版社，2013年。

《杂著》，胡祇遹，见《吏学指南（外三种）》，杭州：浙江古籍出版社，1988年。

《枣林杂俎》，谈迁，《元明史料笔记丛刊》本，北京：中华书局，2006年。

《战国策笺证》，范祥雍笺证、范邦谨协校，上海：上海古籍出版社，2006年。

《张家山汉墓竹简（二四七号墓）》（释文修订本），张家山二四七号汉墓竹简整理小组编著，北京：文物出版社，2006年。

《政论校注　昌言校注》，崔寔、仲长统撰，孙启治校注，北京：中华书局，2012年。

《中国藏黑水城汉文文献（农政文书卷）》，塔拉、杜建录、高国祥主编，北京：国家图书馆出版社，2008年。

《周易正义》，王弼、韩康伯注，孔颖达疏，阮元校刻《十三经注疏》本，北京：中华书局，1980年，影印本。

二、研究文献（按作者姓氏音序排列）

安志敏：《中国新石器时代论集》，北京：文物出版社，1982年。

北京大学考古学系、南阳地区文物研究所：《河南邓州市八里岗遗址1992年的发掘与收获》，《考古》1997年第12期。

卜宪群、杨振红主编：《简帛研究•2006》，桂林：广西师范大学出版社，2008年。

曹安吉、赵达：《雁北古建筑》，北京：东方出版社，1992年。

曹春平、庄景辉、吴奕德主编：《闽南建筑》，福州：福建人民出版社，2008年。

陈芳惠：《村落地理学》，台北：五南图书出版公司，1984年。

陈志华、楼庆西、李秋香等：《中华遗产•乡土建筑》（8册），北京：清华大学出版社，2007年。

陈志华、李秋香：《中国乡土建筑初探》，北京：清华大学出版社，2012年。

池田温：《中国古代籍帐研究》，龚泽铣译，北京：中华书局，2007年。

崔兆瑞、林源：《河南内黄三杨庄汉代乡村聚落遗址一、三、四号庭院建筑初步研究》，《建筑与文化》2014年第9期。

戴裔煊：《干兰：西南中国原始住宅的研究》，广州：岭南大学西南社会
　　经济研究所，1948年。太原：山西人民出版社，2014年。

德芒戎：《人文地理学问题》，葛以德译，北京：商务印书馆，1993年。

杜正胜：《古代社会与国家》，台北：允晨文化出版公司，1992年。

冯剑辉：《宋代户帖的个案研究》，《安徽史学》2018年第3期。

K.V. Flannery. "The Origin of the Village as a Settlement Type in Mesoamerica
　　and the Near East: A Comparative Study." in P. J. Ucko, R. Tringham, G.W.
　　Dimbleby eds. *Man, Settlement and Urbanism*. Cambridge, Massachusetts:
　　Schenkman Publishing Company, 1972.

傅熹年：《王希孟〈千里江山图〉中的北宋建筑》，《故宫博物院院刊》
　　1979年第2期。

高蒙河：《长江下游考古地理》，上海：复旦大学出版社，2005年。

郭宝钧：《洛阳西郊汉代居住遗址》，《考古通讯》1956年第1期。

郭立新：《屈家岭文化的聚落形态与社会结构分析——以淅川黄楝树遗址
　　为例》，《中原文物》2004年第6期。

黄应贵主编：《空间、力与社会》，台北："中央研究院"民族学研究
　　所，1995年。

黄正建：《敦煌文书所见唐宋之际敦煌民众住房面积考略》，《敦煌吐鲁
　　番研究》第3卷，北京：北京大学出版社，1998年。

蒋斌：《兰屿雅美族家屋宅地的成长、迁移与继承》，《"中央研究院"
　　民族学研究所集刊》第58期，1986年。

金其铭：《农村聚落地理》，北京：科学出版社，1988年。

孔繁敏：《明代赋役供单与黄册残件辑考》（上），《文献》1992年第4期。

李秋香编著：《鲁班绳墨：中国乡土建筑测绘图集》，成都：电子科技大学出版社，2017年。

梁方仲：《梁方仲经济史论文集》，北京：中华书局，1989年。

林源、崔兆瑞：《河南内黄三杨庄二号汉代庭院建筑遗址研究与复原探讨》，《建筑史》2014年第2期。

刘敦桢：《中国住宅概说》，《建筑学报》1956年第4期。

刘敦桢：《中国住宅概说》，北京：建筑工程出版社，1957年。

刘敦桢：《刘敦桢文集》，北京：中国建筑工业出版社，1984年。

刘海旺：《首次发现的汉代农业闾里遗址——中国河南内黄三杨庄汉代聚落遗址初识》，《法国汉学》第11辑《考古发掘与历史复原》，北京：中华书局，2006年。

刘海旺：《三杨庄汉代聚落遗址考古新进展与新思考》，《中国史研究动态》2017年第3期。

刘杰撰文，李玉祥摄影：《乡土中国•泰顺》，北京：生活•读书•新知三联书店，2001年。

刘杰、林蔚虹主编：《乡土寿宁》，北京：中华书局，2007年。

刘乐贤：《睡虎地秦简日书研究》，台北：文津出版社，1994年。

刘晓：《从黑城文书看元代的户籍制度》，《江西财经大学学报》2000年第6期。

刘致平著文，傅熹年图：《中国古代住宅建筑发展概论》，《华中建筑》
1984年第3、4期，1985年第1、2、3期连载。

栾成显：《明代黄册研究》，北京：中国社会科学出版社，1998年。

马平、赖存理：《中国穆斯林民居文化》，银川：宁夏人民出版社，1995
年。

彭浩、陈伟、工藤元男主编：《二年律令与奏谳书——张家山二四七号汉
墓出土法律文献释读》，上海：上海古籍出版社，2007年。

钱公麟：《吴江龙南遗址房址初探》，《文物》1990年第7期。

施添福：《清代台湾的地域社会：竹堑地区的历史地理研究》，新竹：新
竹县文化局，2001年。

宋杰、刘道胜：《洪武四年绩溪城市儒户葛善户帖探研》，《历史档案》
2021年第2期。

孙大章：《中国民居研究》，北京：中国建筑工业出版社，2004年。

孙机：《汉代物质文化资料图说》，北京：文物出版社，1991年。

孙机：《汉代物质文化资料图说（增订本）》，上海：上海古籍出版社，
2008年。

孙继民、宋坤、陈瑞青、杜立晖等：《中国藏黑水城汉文文献的整理与研
究》，北京：中国社会科学出版社，2016年。

孙继民、宋坤：《新发现古籍纸背明代黄册文献复原与研究》，北京：中
国社会科学出版社，2021年。

谭刚毅、赵和生：《两宋时期的中国民居与居住形态》，南京：东南大学
    出版社，2008年。

田昌五、石兴邦主编：《中国原始文化论集——纪念尹达八十诞辰》，北
    京：文物出版社，1989年。

土肥義和：《唐代敦煌の居住園宅について——その班給と田土の地割と
    に關連して》，《国学院杂志》77卷第三号（1976年）。

王芳：《汉代北方农耕地区普通民宅初探》，《周口师范学院学报》2012
    年第1期。

王晓欣、郑旭东：《元湖州路户籍册初探》，《文史》2015年第1辑。

王仲犖：《北周六典》，北京：中华书局，1979年。

吴超：《蒙元时期亦集乃路畜牧业初探》，《农业考古》2012年第1期。

许倬云：《西周史》（增补本），北京：生活•读书•新知三联书店，2001
    年。

杨谷生、陆元鼎：《中国民居建筑》，广州：华南理工大学出版社，2003
    年。

杨鸿勋：《仰韶文化居住建筑发展问题的探讨》，《考古学报》1975年第1
    期。

杨鸿勋：《从盘龙城商代宫殿遗址谈中国宫廷建筑发展的几个问题》，
    《文物》1976年第2期。

杨际平：《列宁格勒所藏天宝年间敦煌田簿研究》，《敦煌学辑刊》1989
    年第1期。

杨振红：《秦汉"名田宅制"说——从张家山汉简看战国秦汉的土地制度》，《中国史研究》2003年第3期。

雍振华等：《中国民居建筑丛书》（19册），北京：中国建筑工业出版社，2009年。

张松林主编，郑州市文物考古研究所编著：《郑州文物考古与研究（一）》，北京：科学出版社，2003年。

赵金敏：《馆藏明代户帖、清册供单和黄册残稿》，《中国历史博物馆馆刊》总第7期（1985年）。

赵金敏：《明代黄册的发现与考略》，《中国历史博物馆馆刊》1996年第1期。

郑小春：《洪武四年祁门县僧张宗寿户帖的发现及其价值》，《历史档案》2014年第3期。

郑小炉：《从龙南遗址看良渚文化的住居和祭祀》，《东南文化》2004年第1期。

郑旭东：《元代户籍文书系统再检讨——以新发现元湖州路户籍文书为中心》，《中国史研究》2018年第3期。

周若祁、张光主编：《韩城村寨与党家村民居》，西安：陕西科学技术出版社，1999年。

二、考古文献（按作者姓氏音序排列）

北京大学考古学系、南阳地区文物研究所：《河南邓州八里岗遗址的调查与试掘》，《华夏考古》1994年第2期。

北京大学考古学系等：《浙江桐乡普安桥遗址发掘简报》，《文物》1998年第4期。

北京大学考古实习队、河南省南阳市文物研究所：《河南邓州八里岗遗址发掘简报》，《文物》1998年第9期。

长江流域规划办公室考古队河南分队：《河南淅川黄楝树遗址发掘报告》，《华夏考古》1990年第3期。

东北博物馆：《辽阳三道壕西汉村落遗址》，《考古学报》1957年第1期。

国家文物局主编：《2005中国重要考古发现》，北京：文物出版社，2006年。

河北省文物研究所：《藁城台西商代遗址》，北京：文物出版社，1985年。

河南省文物考古研究所、内黄县文物保护管理所：《河南内黄县三杨庄汉代庭院遗址》，《考古》2004年第7期。

河南省文物研究所、长江流域规划办公室考古队河南分队：《淅川下王岗》，北京：文物出版社，1989年。

南京博物院等：《江苏镇江市左湖遗址发掘简报》，《考古》2000年第4期。

宁夏固原博物馆：《彭阳新集北魏墓》，《文物》1988年第9期。

苏州博物馆等：《江苏吴江龙南新石器时代村落遗址第一、二次发掘简报》，《文物》1990年第7期。

曾昭燏、蒋宝庚、黎忠义：《沂南古画像石墓发掘报告》，北京：文化部文物管理局，1956年。

郑州市博物馆：《郑州大河村仰韶文化的房基遗址》，《考古》1973年第6期。

郑州市文物考古研究所编著：《郑州大河村》，北京：科学出版社，2001年。

中国社会科学院考古研究所河南一队：《河南柘城孟庄商代遗址》，《考古学报》1982年第1期。

中国社会科学院考古研究所二里头工作队：《偃师二里头遗址1980、1981年Ⅲ区发掘简报》，《考古》1984年第7期。

中国社会科学院考古研究所二里头工作队：《1982年秋偃师二里头遗址九区发掘简报》，《考古》1985年第12期。

中国社会科学院考古所长江工作队：《湖北均县朱家台遗址》，《考古学报》1989年第1期。

周口地区文化局文物科等：《淮阳于庄汉墓发掘简报》，《中原文物》1983年第1期。

主题索引

后　记

　　本文原是"中国乡村史"课程讲义的组成部分，随着课程进度，断断续续地写出来。其第二部分初稿，写于2013年上半年；第三、四部分初稿，写于2015年上半年；第五部分初稿，写于2018年上半年；第一部分初稿，写于2019年秋；第六、七两部分初稿，写于2021年夏。相关内容，在台湾暨南国际大学历史系、武汉大学历史学院开设的课程"历史村落地理""中国乡村史"课程上讲过，第二部分内容亦曾在浙江大学人文高等研究院作过交流，承很多老师、同学提出过意见和建议。清华大学王东杰教授组织一批小册子，并代巴蜀书社向我约稿，促使我把上述零散的草稿缀联成文；梁振涛和我讨论敦煌吐鲁番文书所见相关材料，并在疫情期间，开展田野调查，向木工师傅请教农村房屋的建筑方法，帮助我弄清一些技术问题；吴

292

丹华提示了两条《元典章》中的材料，并告诉我元上都与元人都考古所见的平民房屋材料；冯博文帮助我核对材料，清绘文中部分图幅；陈勤奋帮助我通读文稿，修改表达错误；巴蜀书社的编辑们精心编校本书，纠正了原有的许多错误。还有很多师友提供过帮助，谨致谢忱。

鲁西奇

2021年8月6日